U0030828

弘兼憲史
上班族基本數字力

弘兼憲史・前田信弘／著

商周出版

前 言

　　一般有這樣的說法：「數字力強的上班族，工作就做得好。」這裡所說的數字不只是所謂的銷售額、利潤，不管是什麼樣的工作，多少都會和數字相關。而且，是否能理解數字所具備的意義，對工作上的成長來說是很重要的。因此，很多上班族有「希望數字能力變強」、「想要了解工作和公司相關的數字」的想法。但是，即是這麼想，「討厭數字」、「對數字完全沒辦法」的人應該很多吧！雖然知道這很重要，但是「因為對數字沒辦法……」而對數字避之唯恐不及的人應該也不是沒有吧！

　　本書即是一本以和工作、公司有關連的數字為主題的「超」入門書。從薪資明細表的數字到營業額、利潤、財務報表、經濟、經營分析的數字等，以新手為目標，廣泛地解說和工作、公司相關的基本數字。本書應該可以定位為作為理解數字的第一步。

　　認為自己對數字沒辦法的人，希望能夠先透過本書，了解和工作、公司相關的數字之意義，掌握基本的架構。為了成為「數字力強的上班族」，若本書能夠為各位踏出第一步助一臂之力，身為作者將甚感榮幸。

第三章

了解公司
財務報表的數字　　　72

第五章

這些要先掌握！
經營分析的數字

140

商業的數字有哪些？

　　我們透過商業活動每天都會接觸到各種數字。除了有與銷售額、利潤相關的數字，在很多的情況下，數字也應該會映入眼簾吧！例如，每個月會拿到的薪資明細表，其中記載著各種的數字。另外，也許也會看到為了解公司的業績與狀態不可欠缺的財務報表、經營分析數字。還有，圍繞著這個公司的經濟數字，每天都透過新聞、報紙等不斷傳遞。因此，「工作與公司的數字」範圍是很廣泛且相當複雜的。

　　但是，完全不知道像這種「工作與公司的數字」的意義，就這樣埋頭工作真的沒關係嗎？

　　即使光是理解數字的基本意義，也可以更加理解自己的工作所具有的意義。然後，對於工作的方式應該也會有所改變吧！

　　「了解數字的意義，就能看清楚工作。」

關於商品迴轉率的問題，

本期比前期大幅上升了。

對立食的店來說，迴轉率是關鍵，快點吃完讓顧客進來吧！

為了這個商品的銷售，要花的成本是……如果不控制製造成本，就糟了。

成為數字力強的上班族

工作的時候，數字能力變強是非常重要的。「數字能力強」具有很多意義，「理解數字的意思、可以用數字來掌握事情」是其中一項。如果不理解數字的意義，就看不見自己工作的本質（無法理解自己的工作）。而且，如果不能用數字來掌握事情，就會變成「大概……」、「諸如此類……」這種曖昧不明確的說法。

如果了解數字的意義，也可以對自己的工作所具備的意義有更深入的了解。透過從數字來掌握事物，可以更具體而明確的知道工作的狀況、結果、目標等。讓自己數字能力變強，每天的業務、企劃、提案、營業、交涉、管理等，在各種的商業場合都應該能發揮這個能力吧！從以上的意義來看，可以說「數字掌握了商業的成功關鍵」。

數字掌握了商業的成功關鍵

在哪裡呢……

不管什麼時候,是否都太過浪費經費呢?應該有改善的必要。

這個肉輸入的成本也會降低吧!

如果幣值繼續漲……

大概20～30%

迴轉店的平均毛利是多少?

也就是85億5千萬美金。

可斯模斯的股票是9500萬股,9500萬股乘以90美元以一美元等於一百日圓……以日幣來看就有8550億日圓哪!

▶11

認識公司與工作的
各種數字

稅金與社會保險的數字　P.14

P.32

利潤與成本的數字

P.106

圍繞公司的經濟數字

HATSUSHIBA

財務報表的數字

P.72

經營分析的數字

P.140

現在開始，我希望根據可斯模斯集團的TOB（股票公開收購）來決定收購的價格。初芝電產與東立電工的兩家公司在這個場合裡，提出希望購買的價格，我想今後我們將與提出較高金額的公司進行最後的交涉。

第 1 章

從薪水明細了解切身相關的稅金與社會保險的數字

薪資明細表就是來自公司支付薪水的明細說明。在那個表單裡,除了基本薪資以外,還記載著稅金、健康保險、勞工保險的保險費等各種的金額。解讀這些數字,掌握自己勞動所得到的錢到底流到哪裡吧!

成為社會新鮮人已經一個月了

今天是第一次的發薪日

有點緊張啊

1 看看薪資的明細表！

如果偶而看看平常沒什麼仔細看的薪資明細表，會在其中看到公司的數字。

給付總額與支領額的差額消失到哪裡去了？

每個月會拿到的薪資明細表，這個薪資明細表所寫的數字，在某種意義上可以說是最切身相關的公司數字了。因為與自己太相關，對這數字的意思沒有深入思考就這樣把它收進抽屜裡的人、或是只看過支領額部分就丟掉的人應該為數不少吧？另外，如果是剛進公司的新進員工，看到薪資明細表的金額，應該會想「咦？求職欄裡寫的應該是20萬日圓，怎麼只有入帳17萬日圓呢？」而覺得憤怒吧？

所以至少要了解薪資中延伸出什麼。不過，如果只是這樣，感覺很不好。給付額與支領額（匯款額）的差額消失到哪裡去了？首先請確實理解這個數字吧！

一瞬間以為是看錯了

20萬日圓的薪資，怎麼只拿到17萬日圓？

發生這樣的情況沒關係嗎？

薪資明細表的讀法

那麼，重新來看看薪資明細表吧。下面提供的是一般薪資明細表的範本，希望各位仔細看看。薪資明細表的格式依據各公司而有各種不同的樣子，通常大致區分為「出勤欄（出勤項目）」與「給付欄（給付項目）」、「扣除欄（扣除項目）」三項。然後，在給付欄與扣除欄，請分別確認**「總給付額（給付總額）」**與**「扣除合計（扣除額合計）」**兩個欄位的數字。

這個「總給付額」，就是被支付的薪資的總額，基本的薪資以及○○加給等，所得到的薪資的合計金額。扣除則是「減掉」的意思，也就是「扣除欄」裡的各種社會保險費、稅金等，從薪資中扣除的意思。「扣除總額」就是這個部分的合計金額。

薪資明細表的範本

出勤欄			表示一個月的出勤狀況	

			支給日	○年○月○日
姓名　島 耕作		單位　營業本部	銷售協助部	製作課

出缺勤	時間外的出勤時間	深夜出勤時間	假日出勤時間		
	5				

給付項目	基本薪資	現職加給	家族加給	住宅加給	資格加給
	200,000				
	時間外出勤加給	深夜出勤加給	假日出勤加給	通勤加給	
	6,800			8,000	
					薪資總額
					214,800

扣除項目	健康保險	國民年金	雇用保險	所得稅	住民稅
	8,200	14,996	1,241	4,040	10,990
	財產儲蓄	員工福利金		團體保險	
		500			
					扣除合計
					39,967
					給付淨額
					174,833

※此薪資明細為範本，表中金額與實際數字可能有異。　＊單位為日圓

扣除合計

扣除欄

給付欄

給付總額

2 薪資明細表的機關？「給付總額 ≠ 拿到的錢」

🔑 **Key word** 基本薪資／給付淨額

給付總額實際上並不是拿到金額。是從總給付額中扣掉扣除額部分之後，才是實際上拿到的金額，也就是淨收入。

基本薪資可以加上各式各樣的加給

原本薪資的明細表，就如其名寫了明細兩個字，寫了薪資的內容。看了明細表之後，就可以了解領取的薪資之構成。

給付欄很多是由「**基本薪資**」和各式各樣的加給所組成的。基本薪資就如字面上的意思，是「薪資的基本」部分，以此為底的金額。這個基本薪資可以加上各式各樣的加給，成為給付的薪資。加給的種類根據每家公司各有不同，通常包括家族加給、住宅加給、資格加給、職位加給、職務加給、時間外（加班）加給等。

給付項目	基本薪資	現職加給	家族加給	住宅加給	資格加給
	200,000				
	時間外出勤加給	深夜出勤加給	假日出勤加給	通勤加給	
	6,800			8,000	
					薪資總額
					214,800

基本薪資是成為薪資的基本金額。因為這個金額是計算退休金或獎金的基礎，所以是非常重要的數字。

基本薪資 ＋ 各種加給 ＝ 薪資總額

薪資總額		
基本薪資	○○加給	○○加給	○○加給

薪資明細表的機關

那麼，接下來把焦點移到扣除欄吧！這裡應該也分成好幾個項目。不過，關於這個欄位，總之就是有各式各樣的減項，只要注意這個部分的合計額應該只會稱為「扣除合計」就可以了。

重要的是這個欄位下面的「給付淨額（匯款金額）」。給付總額扣掉扣除合計，就是給付淨額。也就是說，我們所拿到的金額是完全扣掉這部分的。扣除合計的金額越高，給付總額與實際拿到的金錢差額就會越大。也許只是稍微有點差異，這就是薪資明細表的機關了。

	基本薪資	現職加給	家族加給	住宅加給	資格加給
給付項目	200,000				
	時間外出勤加給	深夜出勤加給	假日出勤加給	通勤加給	
	6,800			8,000	
					給付總額
					214,800

	健康保險	國民年金	雇用保險	所得稅	住民稅
扣除項目	8,200	14,996	1,241	4,040	10,990
	財產儲蓄	員工福利金		團體保險	
		500			
					扣除合計
					39,967
					給付淨額
					174,833

> 實際拿到的金額（扣除後的薪資金額）＝ 薪資總額－扣除合計

薪資明細表範本的例子

$$214{,}800 - 39{,}967 = 174{,}833 \text{（日圓）}$$

> 這個就是扣除後的薪資金額，也可以稱為「淨收入」。

> 所謂的「淨收入〇〇萬日圓」，並不是指薪資總額，而是減掉扣除部分的合計之後的淨付總額。不要搞錯了喔！

3 薪資中究竟扣除了什麼？

Key word 稅金（所得稅・住民稅）／社會保險費

> 從薪資中扣除的部分，大致有三種「稅」、「社會保險費」、「其他」。稅與社會保險費一般不管是誰都會被扣掉的。

扣掉稅與社會保險費、其他費用

　　這裡要說明的是關於從薪資中被扣掉的部分「扣除額」。雖然根據每家公司的做法不同，多少有些差異，但大致上，被扣除的部分可以分為**「稅」**、**「社會保險費」**、「其他」三種。「稅」與「社會保險費」是不管哪家公司，共通會扣除的部分。再一次看看薪資明細表，可能有很多人會有「結果被扣除不少金額啊……」的感想吧！相對地，「其他」的部分，是依據公司、各個員工而有不同。有以預備的方式做為儲蓄之預備金，或是依個人喜好加入的保險之保險費，員工福利委員會的會費等各種費用。

　　然後，「稅」又分成**「所得稅」**和**「住民稅」**（譯按：日本才有的稅制）。詳細的內容之後會再說明，不過只要先大約記得所得稅是「國家課的稅」，住民稅是「地方課的稅」就可以了。

從薪資中扣除的部分

給付總額 － 扣除合計

　　税金 ┐
　　　　　├─ 一般都會扣除
　　社會保險費 ┘

　　其他 ── 根據公司、個人而有不同

	健康保險	國民年金	雇用保險	所得稅	住民稅
扣除項目	8,200	14,996	1,241	4,040	10,990
	財產儲蓄	員工福利金		團體保險	
		500			
				扣除合計	
					39,967
				給付淨額	
					174,833

從薪資中扣除的稅有「所得稅」和「住民稅」

所得稅	住民稅
4,040	10,990

國家課的稅 → 所得稅

地方課的稅 → 住民稅

→ 個人的所得等之課稅

根據不同地方的課稅來作區分

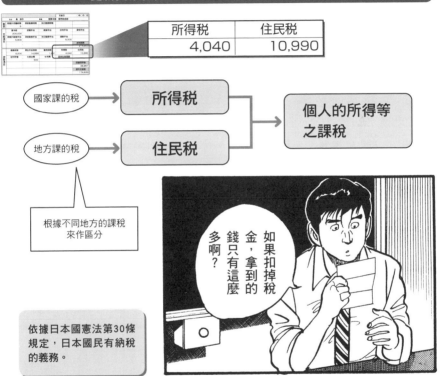

如果扣掉稅金，拿到的錢只有這麼多啊？

依據日本國憲法第30條規定，日本國民有納稅的義務。

Point　注意，所得不等於收入

這是必要的經費

　　所得稅，顧名思義就是針對「所得」所課的稅。但是，要注意，這裡所指的「所得」，並不等於「收入」。所得是根據「收入減掉必要經費」的計算而得出來的數字。所以並不是對拿到的錢、收入金額直接來作課稅的。

4 為什麼要從薪資中扣除稅金？

Key word 預扣所得稅（源泉徵收）／年末調整

由公司員工自己計算所得稅，計算須繳納的金額實在很麻煩，所以公司在支付薪資的時候，就事先把稅的部分做扣除。

公司代為繳納稅金

如同前一節所說，公司從薪資中扣掉稅金（預扣），這就是所謂的「預扣所得稅」（源泉徵收）。那麼為什麼公司要先預扣呢？原本所得稅是個人自己計算稅額，然後自己向國稅局提出申報，變成不得不繳納的情況（「確定申報」），但是對一般所有的上班族來說，要做申報的計算實在非常困難，（在美國，原則上都是確定申報）。因此，公司從薪資中預扣所得稅，並代為繳納（納稅）。

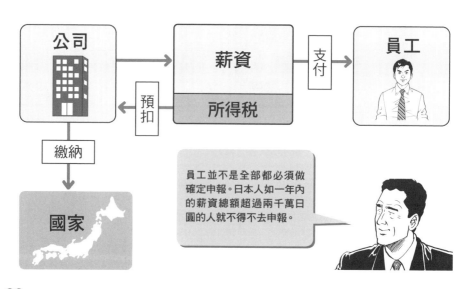

員工並不是全部都必須做確定申報。日本人如一年內的薪資總額超過兩千萬日圓的人就不得不去申報。

所得稅在年末調整的時候精算

　　實際上，被預扣的所得稅的金額，並不是正確的金額。雖然是「幾近正確」的稅額，因為還有細節沒有考慮到。因此，在年末會進行精細的計算，這就是所謂的「**年末調整**」。

　　接近年底的時候，公司應該都會提供扣繳憑單。這張紙上面會顯示支付的保險費金額等。這張紙會成為進行年末調整的根據，因為根據預扣的稅金中，很多還是是溢繳，在年末調整之後，很多是可以退稅的。年末調整是為了發還溢繳稅金的必要手續。只有這個是大家不會像之前拿到單據就丟掉，而會加以保留的！多繳的稅金穩當地拿回來，這是社會人應注意留心的地方。

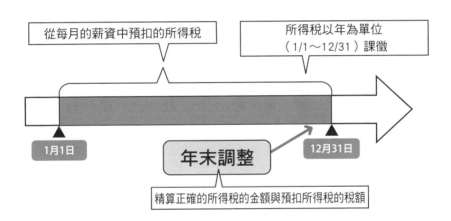

從每月的薪資中預扣的所得稅

所得稅以年為單位
（1/1～12/31）課徵

1月1日

年末調整

12月31日

精算正確的所得稅的金額與預扣所得稅的稅額

從每個月的薪資中徵收住民稅的方法稱為「特別徵收」。住民稅的繳納方法還有一種是稱為「普通徵收」。

5 薪資相同，所得稅額也不一定相同

Key word 所得稅計算的方法／所得扣除

所得稅的計算非常複雜，是沒有辦法簡單地說明會被扣除多少的所得稅。即使薪資相同，所得稅額也可能會不一樣。

所得稅是根據複雜的公式計算出來的

知道每個月會被扣除，應該也會想知道對於自己的薪資被課的所得稅的金額的根據吧！但是，所得稅並不是單純地根據所得而計算稅率的，所以會有即使薪資相同，所得稅的金額也不一定一樣的情況。

也許有人會覺得不公平，如果知道計算的方式，也許就能理解接受吧？**所得稅計算的大致方式如下圖所示。**

薪資的金額（收入）－薪資所得扣除額＝薪資所得

| 其中，通勤加給每月在10萬日圓以下是不扣稅的 | 如同員工的必要經費 | 這就是所得的金額 |

薪資所得－所得扣除＝課稅總所得金額

| 從社會保險費（P26）或支付人壽保險的一定金額、其他所得中扣除的部分，因人而異 | 所得稅計算的基本 |

課稅總所得金額×稅率＝算出稅額

| ※這個計算方式只限於收入是薪資的情況 | 5%～40% ※ | 計算出來的所得稅金額 |

所得稅的金額因人而異

　　雖然有複雜的計算公式，但是希望注意的是「**所得扣除**」的部分。所得扣除就是從所得中扣除的金額。也就是，所得扣除金額越大，所得稅就會越低的結構。此外，這個所得扣除有好幾種，根據不同情況有其適用的方式。例如，如果有小孩、老人需要撫養的情況，就可以適用撫養扣除額的扣除方式。所以，根據家族結構，扣除的金額不一樣，所得稅的金額也就理所當然不同了。

　　另外，所得稅計算的方式，還有下面這種。

> ## 算出稅額－扣除稅額＝所得稅額

在某些情況下，從算出的稅額可以得到扣除的金額　　最終的納稅金額

小孩子的生養費用相當花錢，所以可以適用撫養扣除。
另外，從薪資中預扣的稅額，是根據「預扣稅額表」來計算的，這個表（甲欄）中也根據撫養親族的數量來作區分。

Point　　所得稅的稅率有六個級距*

　　所得稅的稅率並不是固定的。分成5%、10%、20%、23%、33%、40%六個級距。之所以要像這樣改變稅率的原因是，根據收入來納稅的考量。也就是，所得越高，就適用於越高級距的稅率。
　　像這樣的課稅方式稱為累進稅率，經常聽到名人有「因為不管賺得再多，其中稅金的部分也變得更多了……」等的抱怨說法，確實，如果到了40%的稅率，是會有想要抱怨的心情吧！

＊譯註：台灣的所得稅級距表98年5月27日修正公布所得稅法第5條第2項，將綜合所得稅稅率6%、13%及21%分別調降為5%、12%及20%，並自99年度施行。

級別	稅率	課稅級距	(單位：元)
1	5%	0-500,000	
2	12%	500,001-1,130,000	
3	20%	1,130,001-2,260,000	
4	30%	2,260,001-4,230,000	
5	40%	4,230,001以上	

6 社會保險費是什麼？

Key word 健康保險／厚生年金保險／雇用保險／標準報酬月額／標準獎金額

和所得稅一樣，每個月從薪資中會扣除各種的社會保險等費用。「健康保險」、「厚生年金保險」（譯：相當於勞工保險）、「雇用保險」（譯：相當於失業保險，台灣屬於勞保的範圍內）三種保險費。

扣除的社會保險費用「健康保險」、「厚生年金保險」、「雇用保險」

　　每個月和稅金一樣，從薪資中直接扣除的還有社會保險費。一般的情況會有這三種：「健康保險」、「厚生年金保險」、「雇用保險」。健康保險是生病或是受傷的時候，診察與治療的部分有給付（也有部分自付額）；厚生年金保險則是年紀大的時候、殘障、死亡的情況可以領取年金；還有雇用保險是遭逢失業等情況的時候，可以領取失業給付。也就是說，這些社會保險，都是在遇到困難的時候，讓人可以領取給付或是年金等的保障。

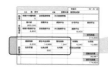

健康保險	厚生年金保險	雇用保險
8,200	14,996	1,241

員工加入的社會保險制度

健康保險	遇到生病或受傷等其他情況時
厚生年金保險	年老、殘障、死亡的情況
雇用保險	發生失業等情況的時候
職業災害保險	業務上、通勤中遇到災害的情況
看護保險	如果需要看護時的情況

公司為了員工，除了薪資以外，也負擔了社會保險費，請記住這一點。

健康保險費和厚生年金保險費是如何計算的？

健康保險、厚生年金保險的保險費，是根據「**標準報酬月額**」與「**標準獎金月額**」來計算的。標準報酬月額是指以最適當的分割幅度均分每個月的薪資金額。標準獎金額是指支付的紅利（獎金）的額度，未滿一千日圓四捨五入的額度。保險費則是這個標準報酬月額與標準獎金額乘以保險費率的金額。

不過，實際上員工負擔的保險費，是依這個計算方式算出的保險費的二分之一。剩下的二分之一由公司負擔。另外，健康保險也有根據公司或業種，規劃特有的方式（健康保險組合）。健康保險組合的情況是在這個規制之下，可以增加事業主（公司）的負擔比例。

健康保險、厚生年金保險的保險費計算

每月的薪資金額		標準報酬月額
日圓以上　　　　日圓未滿		日圓
270,000～290,000	⟹	280,000
290,000～310,000	⟹	300,000
310,000～330,000	⟹	320,000

以最適當的分割幅度均分

$$\frac{標準報酬月額}{標準獎金額} \times 保險費率 = 保險費$$

$$保險費 \times \frac{1}{2} = 員工負擔部分$$

職業災害保險的保險費由事業主負擔全額，員工無須負擔。

40歲以上的話，健康保險的保險費合併在看護保險費一起徵收。

7 年金保險費並不是 為了自己的將來而儲蓄的

🔑 **Key word** 世代間撫養

 有不少人會這麼認為：「預留年金的部分是拿不回來的。」這就是不了解年金的證明。日本的公家年金制度是依據「世代間撫養」的相互扶助精神而成立的。

以世代間撫養的思考方式為基本的年金制度

應該有不少人是認為現在我們支付的年金保險費，是為了將來自己能夠領取而預先儲蓄的吧？但是這是誤解。年金保險費，基本上並不能說是儲蓄。原因就在於日本的公家年金制度，是基於「世代間撫養」的基礎而制定的。

所謂世代間撫養，就是現役的世代（年輕世代）支撐高齡者的世代。即是以有收入的世代所繳納的保險費為根本，讓沒有收入的高齡者領取年金的架構。然後，將來年紀大之後，要領取年金時，並不是以自己當時支付的保險費，而是現在的現役世代所支付的保險費為根本作為年金來領取。

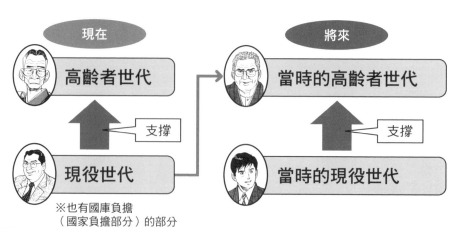

現在   將來

高齡者世代 ← 支撐 ← 現役世代

當時的高齡者世代 ← 支撐 ← 當時的現役世代

※也有國庫負擔
（國家負擔部分）的部分

世代間撫養的困難處在於，現役世代與高齡者世代的人口如果不平均，就不能妥善運作。

因為持續少子化的狀態，將來的現役世代無可避免的將會減少，所以我們也許必須要確保新的財源。

日本公家的年金制度的歷史，是從以軍人和官吏為對象的明治時代的俸祿開始的。針對民間勞動者的年金制度，是從1940年的船員保險法、1942年的厚生年金保險法之前身勞動者年金法開始的。

Point　公家年金制度的困難點

以世代間撫養為思考方式的年金制度，如果現役世代與高齡者世代的人口能夠維持平衡，就能妥善運作。但是這個平衡如果毀壞，制度的維持就有困難，因為現役世代變得無法負擔了。現代持續少子高齡化的問題，是公家年金制度的困難之處。

8 厚生年金保險與國民年金之間的關係

Key word 國民年金（基礎年金）

公共年金制度有「國民年金」和「厚生年金保險」，如果加入厚生年金保險，也就是同時加入了國民年金。也就是說，公共年金制度變成兩個階段的架構。

公共年金制度是二重結構的

我們已經確認了從每個月的薪資中所扣除的厚生年金保險的保險費部分。所謂支付保險費，當然也就是加入了厚生年金保險。到這裡，大家可能會有個疑問，「在學生的時候，應該有加入**國民年金（基礎年金）**了，現在沒有加入國民年金嗎……？」

答案是：「也有加入國民年金」。日本的公共年金制度如右頁圖所示，是兩階段的架構，加入厚生年金保險，也就是同時加入了國民年金。國民年金所在的位置即是稱為基礎年金。所以，進了公司，支付厚生年金保險的保險費的人，當然就沒有再另外加入國民年金的必要了。

住在日本國內的人，從20歲開始，就有繳納國民年金保險費的義務；學生的話，在受承認為學生的期間中，國民年金保險費的繳納是依據一個稱為「學生繳納特例制度」的方式。

二重結構的公共年金制度

具備第二階部分的情況，在領取年金的時候，是第一階與第二階兩方面都可以領取。

也有所謂共濟的制度

國民年金是20歲以上，未滿60歲的人全部加入

| 第二階部分 | 厚生年金保險 | 共濟年金 |

| 第一階部分 | 國民年金（基礎年金） |

| 自營業者等 | 第2號被保險者的被撫養配偶者 | 民間企業員工 | 公務員等 |

| 第 1 號被保險者 | 第 3 號被保險者 | 第 2 號被保險者 |

公司員工等被撫養的配偶者

國民年金的加入者可以區分為第 1 號～第 3 號被保險者。

Point 　年金制度其實還有第三階

　　第二階部分的厚生年金保險更往上一層還有所謂的「厚生年金基金」的制度。另外，也有「確定集資年金」的制度，所以也可以說年金制度已經成為三重的構造了。而且，如果包括了私人的年金（個人年金）；也就是民間保險公司等的年金保險，就可以成為四重的結構了。

第 2 章
讓工作變有趣，產生利潤的公司數字

公司的基本目的就是「獲利」，也就是產生利潤。那麼公司要如何產生利潤呢？為了了解利潤產生的結構，有一些事項必須先知道。若是能理解獲利的結構，工作也會變得更加有趣。

1 公司的目的直截了當的說就是「獲利」

Key word 營利的追求／利潤／銷售額／成本

公司是為了產生「獲利」（利潤）而存在，這個利潤就是從「銷售額」扣掉「成本」之後的差額。

公司產生利潤的結構

　　如果問公司是做什麼的？它存在的目的是什麼？答案直截了當的說，公司就是產生「獲利」的地方，這是最基本的解釋。社會上有各式各樣的公司，不管什麼公司，基本上都是為了產生「獲利」（利潤）而經營事業。公司如果沒有產生「獲利」（利潤），就發不出給員工的薪水了。

　　那麼，利潤是如何產生出來的呢？例如，我們以簡單的賣蘋果為例來想想看吧！從果園可以用一個八十日圓的進貨價格買進蘋果。在賣這個蘋果的時候，一顆蘋果要賣多少錢呢？

公司的目的是為了產生「獲利」（利潤）

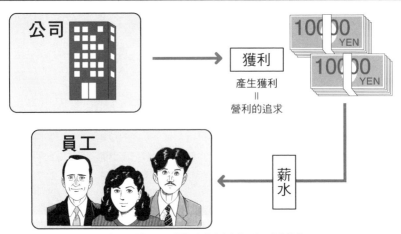

公司的目的也許可以說是對社會有所貢獻等，但基本上都算是為了追求營利。

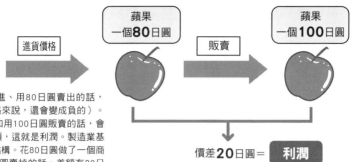

最簡單的利潤產生結構

進貨價格　蘋果一個**80日圓**　→　販賣　蘋果一個**100日圓**

如果用80日圓買進、用80日圓賣出的話，並沒有獲利（嚴格來說，還會變成負的）。以80日圓以上，如用100日圓販賣的話，會產生20日圓的差額，這就是利潤。製造業基本上也是一樣的結構。花80日圓做了一個商品，如果用100日圓賣掉的話，差額有20日圓。由此就產生了利潤。產生利潤的結構大致上就是這麼簡單。

價差**20日圓** ＝ 利潤

銷售額－成本＝利潤

關於公司的利潤，接下來再更進一步說明吧！公司賺到錢的情況，通常都稱為「**獲利**」。然後經營事業所必須花費的支出稱為「**成本**」。以賣蘋果的例子來思考看看。

一個八十日圓的蘋果，買進一千個，一個以一百日圓賣掉一千個。因為是以八萬日圓進貨，以十萬日圓賣掉，所以差額有兩萬日圓，也就是利潤是兩萬日圓。

像這樣，從「收入」（賺進來的錢）扣掉「支出」（付出去的錢），剩下的就成了「獲利」（利潤）。因此，可以成立一個「銷售額－成本＝利潤」的計算公式。

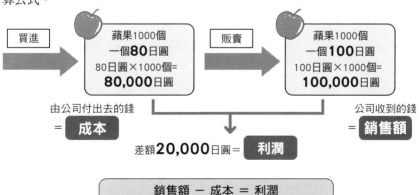

買進　蘋果1000個 一個**80日圓** 80日圓×1000個＝**80,000日圓**　販賣　蘋果1000個 一個**100日圓** 100日圓×1000個＝**100,000日圓**

由公司付出去的錢 ＝ 成本

公司收到的錢 ＝ 銷售額

差額**20,000**日圓 ＝ 利潤

銷售額 － 成本 ＝ 利潤

2 「成本」是什麼？

成本是在各種情況下都會用到的詞句，一言以蔽之，就是「經營事業時所產生的全部費用」。

經營事業時所產生的全部費用就是「成本」

現在，要更深入了解關於銷售、成本、利潤的關係，成本這個字在各種情況下都會被用到，應該很多人都聽過這個名詞。在這裡，再稍微詳細認識關於成本的概念吧！

在前一節，雖然我們以買進蘋果銷售的單純例子來說明，這個時候，可能會有人抱著這樣的疑問：為了買進蘋果來銷售，除了進貨的費用，難道沒有其他的花費嗎？為了賣蘋果，需要店舖、也必須花費搬運費和包裝用的材料費用，說不定還要雇用打工的人。

經營事業的時候，會產生各種的費用，這些在經營事業時產生的費用全部都稱為「成本」。也就是說，利潤是扣掉這個「全部的費用」（成本）才能得到的部分。

扣掉「全部的費用」（成本）的情況下的「獲利」（利潤）

買進 →	蘋果1000個 一個**80日圓** 80日圓×1000個＝ **80,000**日圓 銷售原價	販賣 → 店舖租金、搬運費等各種的費用10000日圓	蘋果1000個 一個**100日圓** 100日圓×1000個＝ **100,000**日圓

成本 ＝**90,000**日圓（80,000＋10,000日圓）

100,000日圓－90,000日圓＝10,000日圓 … **利潤**

這個情況下，賺到10,000日圓

另一個關鍵字「原價」

　　與成本相關的還有另一個重要的關鍵字－「原價」。在商場上，經常使用「原價」這個字，例如之前的蘋果銷售額100,000日圓，相對於此的是原本的價格80,000日圓，這個80,000日圓就稱為「**銷售原價**」（如同這個例子中所提到的零售業，進貨然後銷售的情況，進貨的原本價值80,000日圓即稱為「**進貨原價**」）。然後，從銷售所扣掉的銷售原價（進貨原價）就是「**毛利（營業毛利）**」（利潤的種類在第三章會再詳細說明）。

銷售額、銷售原價、利潤的關係

毛利 20,000日圓		利潤10,000日圓
		其他費用 10,000日圓
		（利潤詳見第三章）

銷售額 100,000日圓　銷售原價 80,000日圓

> 零售業的情況下，基本上「銷售原價」等於「進貨原價」

銷售額 100,000日圓　銷售原價 80,000日圓　成本 90,000日圓

銷售額－銷售原價＝毛利　　**銷售額－（銷售原價+各種費用）＝利潤**

為了銷售商品，除了銷售原價以外，還要花費租金、等其他銷售時要花費的各種費用。

把綜合各項費用作為「原價」的總稱為「成本」的話，比較容易記得吧！

※用語的使用方式有各式各樣，本書中把原價與其他各種的費用合稱為「成本」。

製造業的情況

到目前為止都是以零售業為例來看成本，不過製造業的情況稍微有些不同。因為買進的原料無法直接就拿去販售。雖然製造業的原價也稱為「**製造原價**」，但是製造原價在物品製造的過程中，會產生費用（原物料費、在工廠工作的人事費、電費、水費等）必須要計算進去。不過，因為這個計算相當複雜，總之先記得在製造業中，產品的製造所花費的費用全部都會成為原價（製造原價）；零售業的話，則是把進貨價格當作原價。

製造原價，是加上銷售產品所花費的費用（銷售費以及一般管理費→p.40），稱為「總原價」。

在海外生產可以控制成本

初芝菲律賓電產的員工超過一千五百人，是一個大型生產工廠。

製造好幾種的電器產品。員工的平均薪資是一萬三千披索，換算成日幣約兩萬八千日元，比在日本雇用的人事費低廉，可以壓低製造原價。

根據2006年度的製造業，日本國內全法人基本的海外生產比率為18.1%。根據同年度的海外進出企業中基本的製造業，海外生產比率為31.2%（根據產業經濟省海外事業活動基本調查）。

Point　在各種意思下被使用的「成本」

　　成本或原價等用語在各種情況下都會被使用到，使用的方式也各式各樣。也有「成本等於原價」的情況。另外，綜合銷售原價與各種費用也有稱為「總成本」。不過在這裡，與其理解這個用語的定義，只要掌握「銷售、成本、利潤的關係」就可以了。

3 「成本」包含哪些項目？

Key word 銷售費及一般管理費／原價計算

> 成本中佔了最大比例的是「銷售原價」。銷售原價之外，還有「銷售費及一般管理費」。

銷售費及一般管理費是為了銷售、管理的費用

公司的經營活動所產生的「費用」全部都算是「成本」，這部分已經說明過了。銷售原價之外，租金等其他銷售所花費的各種費用，也會成為成本。那麼，成本中佔了最大部分的是什麼？答案是如37頁圖所示的「銷售原價」。

此外，這個銷售原價以外的成本，就是為了銷售商品而產生的各種費用，另外還有公司為了管理事業經營的費用，稱為「**銷售費及一般管理費**」。這個通常粗略的稱為「管銷費」（經費）。管銷費包括了負責銷售的員工薪水、店舖的租金、交通費、廣告費、電話費、水費、電費等各種費用。為了銷售商品，這些「銷售費及一般管理費」是必要的支出。

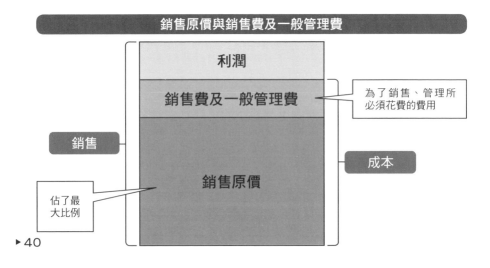

銷售原價與銷售費及一般管理費

利潤

銷售費及一般管理費 ← 為了銷售、管理所必須花費的費用

銷售

成本

銷售原價 ← 佔了最大比例

一般的商品流通

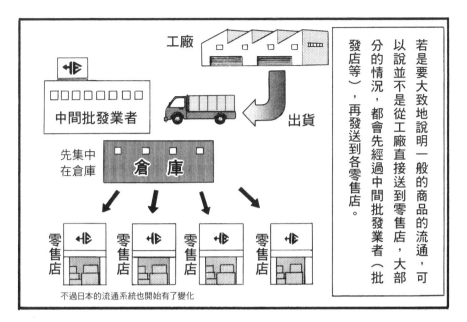

若是要大致地說明一般的商品的流通，可以說並不是從工廠直接送到零售店，大部分的情況，都會先經過中間批發業者（批發店等），再發送到各零售店。

工廠

中間批發業者

出貨

先集中在倉庫　倉庫

零售店　零售店　零售店　零售店

不過日本的流通系統也開始有了變化

從工廠出貨到全國的零售店，因為浪費時間又花成本，所以出現這種系統。

也就是說，在流通的階段，因為加入了中間批發商賺取各種價差，所以商品理所當然價格會上漲吧！

Point　自己的薪水也是成本

除了製造的花費以外，人事費也包含在銷售費與一般管理費裡面。也就是說，每個月拿到的薪資也可以說是成本。意識成本的第一步，就是自己的薪資也算是成本，請務必記在腦子裡。

關於製造業必要的「原價計算」

為了製造商品所產生的費用稱為製造原價（→參照p.38）。接下來這裡要介紹算出這個原價的「**原價計算**」的基本架構。首先，原價可以分成「物品」、「人」、「其他」三項來考慮。

「**物品**」：材料費，為製造產品所必須的材料費。

「**人**」：勞務費，關於製作產品的人之費用（薪資等）。

「**其他**」：管銷費，物、人以外的所花費的費用，包括電費、瓦斯等燃料費、保險費等。

然後，在這些材料費、勞務費、管銷費當中，還有製作某項產品時知道用在什麼地方的費用，以及電費等無法明顯區分的費用。能夠區分的原價稱為「直接製造費」，不能區分的原價則稱為「間接製造費」。

原價三要素

物品
（材料費）
原物料費等

人
（勞務費）
與製造相關的
員工的薪資等

其他
（管銷費）
材料費、勞務費以外
的費用。如電費、保
險費等。

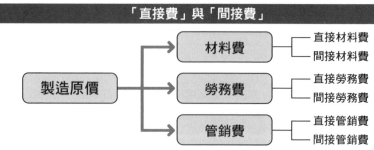

「直接費」與「間接費」

製造原價

材料費 ── 直接材料費
        └ 間接材料費

勞務費 ── 直接勞務費
        └ 間接勞務費

管銷費 ── 直接管銷費
        └ 間接管銷費

原價計算的基本結構

例如，如果單純地「一天一台」製造電冰箱，可以如下述的計算方式

假設一個人一天製造一台，單純地計算的話

一台分的材料費：　45,000日圓

一天的人事費：　10,000日圓

一天的管銷費：　5,000日圓

這些費用加起來，如下述的計算方式。

45,000日圓＋10,000日圓＋5,000日圓＝ 60,000日圓（原價）

這個產品以100,000日圓來銷售的話，

100,000日圓－60,000日圓（原價）＝ 40,000日圓（毛利）

因為這個例子是非常簡單的說明，實際的原價計算並沒有這麼單純。不過只要掌握概念即可。

4 商品的價格是怎麼決定的？

🔑 **Key word** 成本加法

照道理來說，基本上都是在買進價格或製造原價上再加上一定的利潤來決定價格，但商品的價格設定並沒有這麼單純。

以商品的成本加上「獲利」來決定價格

　　商品的價格的決定方式，以零售業來說，基本上是在稱為進貨原價的買進價格上加上一定的利潤。製造業的話，是在製造商品時所花費的費用（製造原價）上加上一定的利潤。

　　不過，從買進商品（這裡以零售業的例子來作說明）到賣出商品，還會花費各種的費用，例如廣告費、為了銷售的人事費、店鋪租金等。因為有這些費用，所以這些成本也不得不包含在商品的價格裡。這種價格的設定方法就稱為「成本加法」。

價格是這樣決定的（成本加法）

商品 ＋ 各種費用 ＋ 利潤 ＝ 價格

進貨原價→買進時的價格　　廣告費、人事費等　　獲利　　銷售的價格

＊零售業等也稱這種價格的決定方法為加成定價法（markup）。

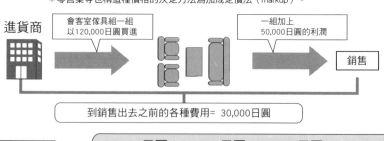

進貨商

會客室傢具組一組以120,000日圓買進

一組加上50,000日圓的利潤

銷售

到銷售出去之前的各種費用＝ 30,000日圓

銷售價格 ⟹ 120,000日圓＋30,000日圓＋50,000日圓＝ 200,000日圓
進貨價格　　各種費用　　利潤　　商品的價格

不能無視消費者的觀點與平衡

以反應成本來決定價格的成本加法，是一種單純的提升利益的價格決定方法，可以說是對賣方有利的價格。另外，決定價格的時候，也有站在身為買方的消費者立場思考，「這個商品賣多少才下手買比較好？」的價格決定方法。這個方法因為是站在消費者的立場所決定的價格，把需求當作要因。

另外，以競爭者利潤等的價格為根本來考量也是一種價格決定方法之一。簡單來說，就是設定比競爭對手更便宜的價格，為了求勝的方式。因此，價格設定是必須考量成本、需求、競爭等要因來作決定。

價格設定的方法

成本加法	以需求為根本的價格設定法	意識到競爭的價格設定法
賣方優勢	消費者的立場	考量競爭對手
在進貨價格、製造原價外加上利潤	消費者容易出手購買的價格	比競爭對手對手更便宜的價格

畸零定價策略（模糊定價策略）

實際的價格策略有很多種，例如大家應該都聽過「畸零定價策略」吧？298元、99元等價格的尾數使用8或9等的數字，塑造便宜的印象。另外，也有一律100元等塑造統一的低價的「價格均一策略」也是屬於價格策略之一。

5 「庫存」是什麼？

 所謂的庫存，可以說是商品的儲備數量，因為過多或太少都會形成阻礙，所以庫存的管理是非常重要的。

原本庫存是指什麼？

零售業是買進商品然後銷售。為了銷售必須先作好準備，在倉庫等地方確保、保管商品。這個商品的儲備數量就是「**庫存**」。因為庫存是為作為銷售商品的準備，所以非常重要。原本沒有庫存就不能銷售，銷售的機會就會消失。

那麼，如果有很多庫存是否就沒問題？倒也不是如此。太多庫存也會造成困擾。所以，庫存太多或是庫存不足都會變成問題。因此，管理庫存就變得很重要。而且，為了管理庫存，就不得不計算庫存數量究竟有多少，這就是「**盤點**」。即是在必要的時候進行盤點，確認庫存數量。另外，前面說明過從銷售額減掉銷售原價的差額以計算毛利，但是為了計算出這個銷售原價，也必須要先進行盤點。

庫存的管理很重要

管理 → 庫存 ← 盤點

確保庫存的適當是很重要的 | 計算庫存數量

零售業的例子

銷售額 － 銷售原價 ＝ 毛利

銷售原價 ＝ 期初存貨額 ＋ 當期商品進貨額 － 期末存貨額
（進貨價格）

期初就是會計期間開始的意思 | 存貨額是從盤點的結果計算出庫存的金額 | 期末是會計期間結束的意思

銷售原價的計算

假設，期初存貨額：30萬日圓　　當期商品進貨額：150萬日圓　　期末存貨額：20萬日圓，銷售原價可以如下計算：

$$銷售原價＝30萬日圓＋150萬日圓－20萬日圓＝160萬日圓$$

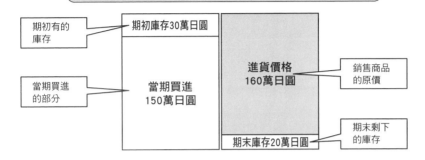

大倉庫的盤點成為工程浩大的作業

庫存數量的確認，對於了解利潤是不可欠缺的工作

6 「不良庫存」是什麼部分不良？

> 長時間賣不掉的商品就是「不良」庫存。不良庫存會產生各種的費用，這會變成公司的負擔。

適當庫存→過剩庫存→不良庫存

庫存太多、不足都是問題。如果庫存不足，原本能賣的商品缺貨，就會失去商機。庫存太多的話，如果這個商品賣不掉，錢就像是躺在倉庫裡一樣。而且，如果只是躺在倉庫裡還算好，如果抱著庫存，就會產生倉庫租金等各種費用。這個問題請千萬不要忘記。如果庫存變成長期化，商品的市場價格就會變低，然後躺在倉庫裡的東西就成了「不良庫存」。

所謂不良庫存，是長時間作為庫存卻賣不掉的商品、退流行的商品、過了保存期限的商品、過季的商品、進貨太多的商品。

如果出現不良庫存的情況該怎麼辦？

好了！今天電腦大特賣

喔！

如果做好管理，應該不會發生不良庫存的情況，即使發生了不良庫存的情形，零售業可以考慮年終特賣或是推出花車商品的處理方式。以我們周遭的例子來看，超市、百貨公司過了一定時間，食材就會降價銷售。在接近保存期限的時候，也會提早銷售。這也可以說是一種不良庫存的處理。

因為公司不能放著不良庫存不管，所以會在發生赤字的覺悟下，做出商品處分。

不良庫存的弊害

	增加太快，產生過剩的情況 →		賣不掉而剩下的商品
庫存		不良庫存	

因為躺在倉庫裡，還會產生各種的費用	●倉庫的租金、設備費、人事費●保險費●市場價值降低●貸款的利息負擔●其他

如果庫存期間變成長期化……

庫存商品的市場價值降低	增加資金調度成本（貸款的利息等）（如果賣不掉，也無法償還貸款）	因為長期保管產生的「商品受損的損失」

變成不得不降價		變成不修理不行

一時暢銷雖然很好……，但等到發現的時候庫存已經增加了。

有很多因為商品暢銷，就進貨過剩的例子，結果賣不掉剩下一大堆；等到發現的時候，已經變成不良庫存的情況。

7 以商品迴轉率管理庫存

雖然不得不適當維持、管理庫存，依據的標準就是「商品迴轉率」

管理庫存的商品迴轉率

　　雖然已經知道不得不適當維持庫存的理由，但究竟該怎麼解決這個不良庫存的問題呢？推估庫存的適當值的標準就是所謂的「**商品迴轉率**」。因為這個表示的是「在這個期間內可以達成平均庫存的幾倍銷售」，更簡單一點地說，就是表示手頭上有的庫存究竟有多少可以賣掉的迴轉數量。

　　商品迴轉率高的話，以少量的庫存就能形成更多的銷售額；也就是效率會變得更好的意思。不過，如果迴轉率太高，反而會產生庫存不足的反效果。這一點要特別注意。商品迴轉率可以用下面的計算方式來得出。

商品迴轉率

$$商品迴轉率 = \frac{銷售額}{平均庫存}$$

作為對象商品的期間內的銷售額與平均庫存

$$\left.\begin{array}{l} 銷售額 \quad \cdots 300萬日圓 \\ 平均庫存\cdots \ 60萬日圓 \end{array}\right\} 的情況$$

$$商品迴轉率 = \frac{300萬日圓}{60萬日圓} = 5迴轉$$

商品迴轉率的提升與降低

關於商品迴轉率的提升與降低，如下圖所示：

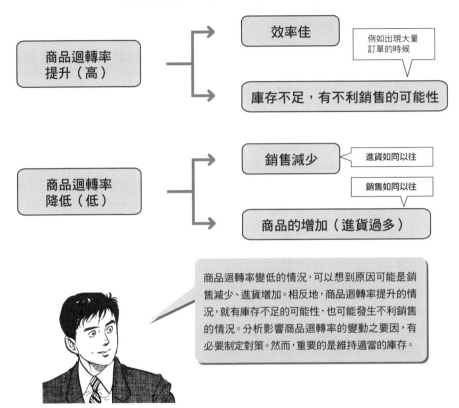

商品迴轉率變低的情況，可以想到原因可能是銷售減少、進貨增加。相反地，商品迴轉率提升的情況，就有庫存不足的可能性，也可能發生不利銷售的情況。分析影響商品迴轉率的變動之要因，有必要制定對策。然而，重要的是維持適當的庫存。

勤快地觀察賣場等的反應，維持適當的庫存數是很重要的。

8 賣得越多就賺得越多嗎？

Key word 毛利率

基本上，賣得越多，不如提高銷售額，利潤也會變大。不過這並不是有非要這麼考慮的必要。

雖然賣得越多「銷售額」就會提高……

首先，希望大家能先確認銷售是如何計算出來的。基本上銷售額是用「單價×數量」計算出來的（請回想前面所提到的蘋果例子）；也就是說，當然要賣得越多越好，銷售額就會提高。然後，如果用同樣的利潤比率銷售的話，銷售額提高之外，利潤也會變大。因此，如果賣得越多，就可以想成這部分賺得更多。

但是實際上並沒有這麼單純，以賣T恤為例，試著看看數字所隱藏的機關。

銷售額

銷售額＝單價×數量

一件 T 恤以 800 日圓進貨，用 1,000 日圓銷售的例子

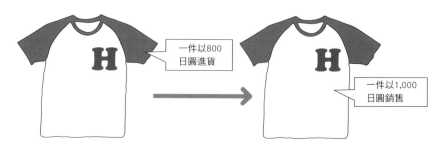

一件以800日圓進貨

一件以1,000日圓銷售

■買進10件，賣掉10件的情況

銷售…1,000日圓×10件＝10,000日圓
銷售原價…800日圓×10件＝8,000日圓
毛利…10,000日圓－8,000件＝**2,000日圓**

毛利就變成
2000日圓

■買進50件，賣掉50件的情況

銷售…1,000日圓×50件＝50,000日圓
銷售原價…800日圓×50件＝40,000日圓
毛利…50,000日圓－40,000日圓＝**10,000日圓**

這樣獲利就
變大了

答案是買進50件比較便宜。通常買進數量越多，進貨價格就會越便宜。

實際上，其中隱含著機關。買進10件與買進50件T恤，你想，一件的單價哪一個進貨價格比較便宜呢？

■買進50件，賣掉50件的情況

→因為大量進貨，一件可以用750日圓買進。

銷售…1,000日圓×50件＝50,000日圓
銷售原價…750日圓×50件＝37,500日圓
毛利…50,000日圓－37,500日圓＝**12,500日圓**

獲利變得
更大了

製造業的情況也是一樣，大量製造的話，通常單價就可以降低吧！

我當然知道大量進貨價格會變便宜，但是假設1件以750日圓買進，利潤就會變得更大嗎？

喀

毛利率的計算方法

　　顯示毛利率的指標有好幾種（詳細說明見第五章），「**銷售毛利率**」也稱為「**毛利率**」，是銷售額對比毛利的比率。這個比率越高，就越容易產生利潤。

> ### 毛利率
>
> 毛利率＝銷售額中毛利佔比的比率
>
> 毛利率（％）＝ 毛利÷銷售額（銷售收入）×100

以前一頁T恤銷售的情況為例，以一件800日圓買進10件，然後以1,000日圓銷售的情況，和1件以750日圓買進50件，賣1,000日圓的情況來看，試著比較兩者的毛利率。

■一件T恤以800日圓進貨10件，用1,000日圓銷售10件的情況

> 2,000日圓 ÷ 10,000日圓 × 100 = 20%（毛利率）

　　　　毛利　　　　　銷售額

■一件T恤以750日圓進貨50件，用1,000日圓銷售50件的情況

> 12,500日圓 ÷ 50,000日圓 × 100 =（25%）（毛利率）

這裡的毛利率
比較高

這個例子裡，因為大量進貨，所以銷售原價的比率降低了。

也就是說，毛利率因此可以提高。

也有賣得越多卻沒有獲利的例子

如果賣得越多，利潤就會越大。基本上雖然是如此，但並不是必然的結果，還有很多不得不考量的部分。

例如，為了銷售更多而不得不雇用更多的銷售員。這麼一來，理所當然的人事費就增加了。另外，為了製作更多的產品，也有不得不增加機器、設備的情況吧！所以也是會有利潤沒有如預期增加的情形。

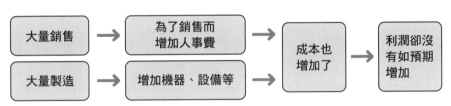

*採購機器、設備的時候，會形成必須提列折舊準備金。

9 成套銷售 對賣方有什麼好處？

Key word 成套銷售

> 成套銷售對買方來說，具有便宜購入的優點，而且，實際上對銷售的賣方而言，也有各種好處。

成套銷售有好處嗎？

「商品十個一組，如果買一組，再加送一個」等稱為「**成套銷售**」。因為集合購買價格就會變得比較便宜，所以也稱為「捆綁銷售」（Bundling Sale）。為什麼會出現這種銷售方式呢？

對買方來說，因為多送一個，具有等於可以更便宜的買到一個商品的好處。那麼對於銷售的賣方來說，不就是損失了嗎？請看下面的例子想想看。

成套銷售的優點

例 蘋果的一般販賣價格：1個120日圓　　蘋果的進貨價格：一個80日圓

> **蘋果五個一套的方式販賣：買一套送一個**

買5個一套的情況下，一個蘋果的價格

$$600日圓 \div 6個 = 100日圓$$

> 從買方來看，因為一般販賣的價格是一個120日圓，所以等於有買一個便宜20日圓的好處。

- 五個一套的價格 120日圓×5個＝600日圓
- 拿到的蘋果數量 5個＋1個＝6個
- 蘋果一個的價格

賣方的優點呢？

一般銷售下的毛利

$$600日圓－400日圓＝200日圓$$

80日圓×5個

成套銷售情況下的毛利

$$600日圓－480日圓＝120日圓$$

80日圓×6個

毛利的差額＝ 80日圓

> 毛利是120日圓，毛利降低的部分並沒有損失。

成套銷售對於賣方的好處

```
成套銷售 → 購買者因為便宜 → 提高購買 → 買得更多 ┐
              買到而滿足       的意願                  │
                                                        │
┌───────────────────────────────────────────────────────┘
│
└→ 銷售量增加 → 控制進貨價格
                → 控制銷售經費
                → 防止不良庫存
```

如果變得便宜賣，對賣方來說可以思考這些好處。

雖然利潤率降低，因為賣方以成套銷售，卻是確實產生獲利。

買方因為可以便宜買到商品覺得很滿意，而想要再來買，反而使購買欲提高了。

成套銷售對單一顧客來說，因為銷售出較多的商品說不定還能夠控制銷售經費。

如果可以大量銷售，進貨價格應該也可以降低吧！庫存的迴轉變好了，就不用擔心不良庫存了。

Point　捆綁銷售

　　捆綁銷售，是把商品綁在一起販賣的意思。在超市的特賣區經常可以看到，例如「一個100元，11個合購只要1000元」。以便宜為訴求，基本的上是為了達到大量銷售的目的。

10 賣到什麼程度才能獲利？

Key word 變動費／固定費／損益分歧點／邊際利潤

 關於要賣到什麼程度才能產生獲利，可以根據「損益分歧點」來計算出來。根據損益分歧點（損益平衡點）就可以知道是否能夠產生利潤。

把成本分解為變動費與固定費

在這裡要思考的是「賣到什麼程度才能獲利？」這個根本的問題。這個問題如果從「成本的性質」這方面來考量，就很容易理解了。

成本大致可以分解為「**變動費**」和「**固定費**」兩項。變動費是和銷售額成比例的成本；也就是說當銷售額增加的時候，成本也會跟著增加。例如，以零售業來說，就是進貨價格。從製造業來看，就是材料費。固定費是指跟銷售額沒有關係的成本，例如租金和人事費。不管銷售額增加還是減少，幾乎都是花費固定的金額。

就算銷售降低，固定費也會產生一定的金額

以銷售額一百萬日圓的情況和一千萬日圓的情況來看，變動費幾乎都跟著這個銷售額的比例變動。但是固定費並非如此。

例如公司有三名員工，這三個人的薪資，是不管銷售額一百萬或者一千萬都同樣會產生。假設，即便銷售額是零元，也會產生固定金額的人事費。也就是說，固定費是不管銷售的高低，必定會支出的費用。

變動費與固定費

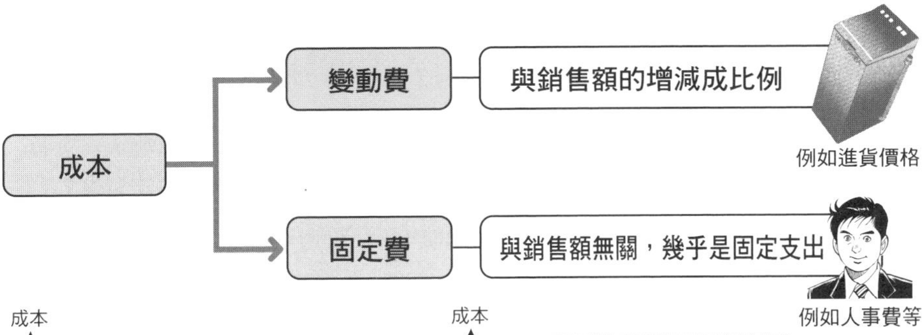

成本 → 變動費 — 與銷售額的增減成比例

例如進貨價格

成本 → 固定費 — 與銷售額無關，幾乎是固定支出

例如人事費等

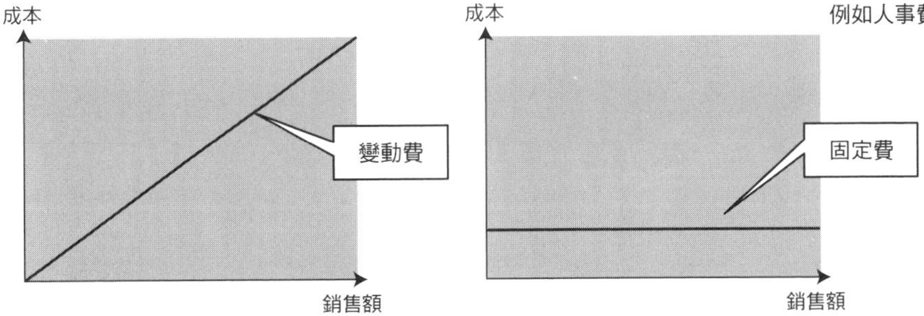

成本

變動費

銷售額

成本

固定費

銷售額

嗯，以往委託的Ｂ公司並不是不好，而是單價１２８日圓實在很難做。

今年開始由提出單價１１０日圓的Ｋ企劃公司來製作初芝娃娃。

Point　變動費率、固定費率

　　觀察變動費與固定費的比率是很重要的。佔營業額的變動費、固定費的比率，稱為變動費率、固定費率，從觀察它們的比率，可以了解公司的利潤結構。

　　變動費率、固定費率的高低因業種而異，變動費率低、固定費率高的話，銷售減少的時候，蒙受的損失也會跟著變高。

區分「損」與「益」的點——損益分歧點

那麼，現在要進入正題。了解賣多少才會獲利的指標，就是所謂的「**損益分歧點**」。損益分歧點即「損」與「益」的分歧點。可以藉此了解是「產生損失」或是「產生獲利」。也就是，在損益分歧點之上，銷售額高的話就會產生利潤，在損益分歧點之下，就會出現損失。

在這裡，為了看出是否有獲利，要先找出損益分歧點，在這個計算中，首先登場的就是「變動費」和「固定費」。損益分歧點的銷售額請看下列計算方式。

損益分歧點的結構・損益分歧點銷售額的計算

高於損益分歧點，銷售額增加的話，就會產生利潤

利潤

成本

銷售額線

成本線(總費用)

損益分歧點

變動費

固定費線

固定費

損益分歧點銷售額

銷售額

損益分歧點銷售額

$$損益分歧點銷售額 = \frac{固定費}{1-變動費率}$$

$$變動費率(\%) = \frac{變動費}{銷售額} \times 100$$

分母的變動費率可以用這個計算公式得出

損益分歧點銷售額的具體計算

使用下面的例子，試著具體的計算損益分歧點銷售額

■銷售額：1200萬日圓　　變動費：300萬日圓　　固定費：600萬日圓

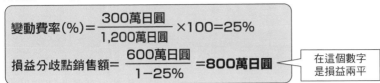

$$變動費率(\%) = \frac{300萬日圓}{1,200萬日圓} \times 100 = 25\%$$

$$損益分歧點銷售額 = \frac{600萬日圓}{1-25\%} = 800萬日圓$$

在這個數字是損益兩平

邊際利潤是什麼

接下來，從另外一個角度來看損益分歧點銷售額的計算。銷售額減掉變動費的差額就是所謂的「**邊際利潤**」。這裡以概略的說明來看，零售業的情況，就是銷售額扣掉商品的進貨額的餘額，而這個邊際利潤除以銷售額就是「邊際利潤率」。

在這裡，希望各位先注意前面說明過的損益分歧點銷售額公式中的分母。雖然是寫成「1－變動費率」，但邊際利潤率是可以用「1－變動費率」來表示。雖然變成比較複雜的計算，整理如下表：

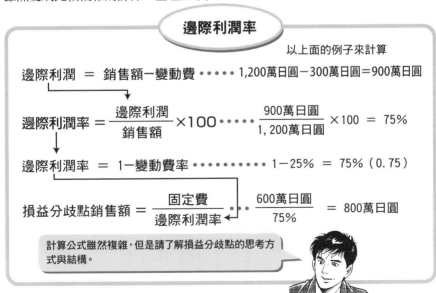

邊際利潤率

以上面的例子來計算

$$邊際利潤 = 銷售額 - 變動費 \cdots\cdots 1,200萬日圓 - 300萬日圓 = 900萬日圓$$

$$邊際利潤率 = \frac{邊際利潤}{銷售額} \times 100 \cdots\cdots \frac{900萬日圓}{1,200萬日圓} \times 100 = 75\%$$

$$邊際利潤率 = 1 - 變動費率 \cdots\cdots\cdots 1 - 25\% = 75\% (0.75)$$

$$損益分歧點銷售額 = \frac{固定費}{邊際利潤率} \cdots \frac{600萬日圓}{75\%} = 800萬日圓$$

計算公式雖然複雜，但是請了解損益分歧點的思考方式與結構。

11 該怎麼做才能夠增加獲利？

從增加利潤的方法來看，可以考慮降低損益分歧點，這個基本就是降低成本

利潤的結構改革

如果已經理解了「賣多少才能獲利」，接下來試著從損益分歧點來想想看「該怎麼做才能夠增加獲利？」也就是為了增加利潤該怎麼做才好。

為了增加利潤，可以思考如何使損益分歧點降低。請參考下面的圖示，因為只要降低損益分歧點，馬上就會出現利潤的結構。降低損益分歧點的方法有「降低變動費（率）」、「降低固定費」這兩種減少成本的方法（cost down）。

關於降低損益分歧點（降低成本）

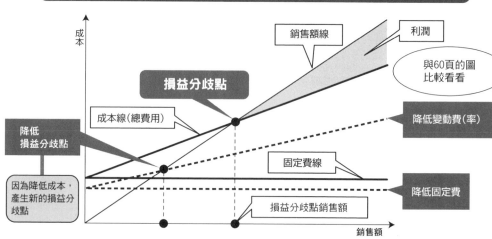

思考降低成本的時候，不是去想要將變動費（率）和固定費哪個降低，而是有必要雙管齊下檢討。

增加利潤的方法

關於增加利潤的方法，也可以考慮提高銷售價格的方式。不過，提高銷售價格的方法比較迅速，如同45頁所看到的，價格設定很困難。為了不要變成反而使消費者敬而遠之，造成銷售額降低的情況，不特別注意是不行的。

到的是

關於降低損益分歧點的方法，首先想

「降低商品的進貨價格」、「削減材料費」等，降低變動費的部分。

降低工作表現不好的員工的人事費不也很好嗎？

嘖

事情並沒有這麼簡單，不過如果從你的薪資開始改變的話，就另當別論。

你說什麼？

像對話這樣，削減人事費的情況並不是那麼簡單，根據不同情形，可以從改變外部人才和薪資體系等的方式開始思考。

12 「人事費」不等於「薪資」?

Key word 法定福利金

人事費並不是只有支付的薪資而已。公司還要負擔薪資以外各種的費用,包含這些之後稱為「人事費」。

人事費不是只有薪資而已

很容易讓人誤解,以為人事費只有公司支付的薪資。關於人事費,首先請先確認它的意思。

如同第一章的薪資明細表中所看到的,健康保險費、厚生年金保險費,公司都負擔了一半的金額(這就是「**法定福利金**」)。除了這個法定福利金以外,公司所負擔的費用還有好多種,例如公司舉辦運動會、尾牙等活動,或是療養院等福利保健設施的費用(福利厚生費)等,依據每家公司各有不同,但這些費用都包含在人事費裡面。應該要了解並不是單純地認定:「因為我的薪資只有20萬日圓,所以只做20萬日圓的工作就好了」。

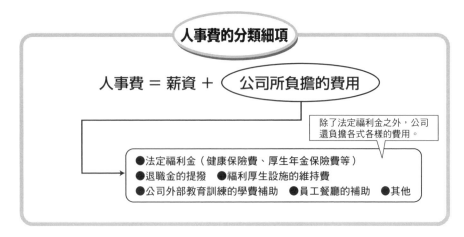

人事費的分類細項

人事費 = 薪資 + 公司所負擔的費用

除了法定福利金之外,公司還負擔各式各樣的費用。

● 法定福利金(健康保險費、厚生年金保險費等)
● 退職金的提撥　● 福利厚生設施的維持費
● 公司外部教育訓練的學費補助　● 員工餐廳的補助　● 其他

公司負擔各式各樣的費用

即使是初芝電產，也為了員工設立了「員工宿舍」、「研修所」、「員工餐廳」等設施。

初芝電產
湘南研修所

這些所花費的費用也算做人事費，由公司來負擔。這部分千萬不要忘了。

Point 固定費裡面，
人事費原本就佔了很高的比例

　　在談到損益分歧點的時候，雖然有看到關於變動費與固定費的部分，但是公司的固定費裡面，人事費可以說原本就佔了其中很高的比例。」可能有人會想：「又沒拿到那麼多薪水……」這是因為除了薪資之外，公司還要負擔很多的部分，所以這部分的費用就變得很高。

13 人事費多少才是適當的？

Key word 附加價值／勞動分配率

> 多少才算是適當的人事費，這是個很難的問題，但是可以參考一個指標：「勞動分配率」。根據勞動分配率，可以看出公司要準備多少的人事費回饋給員工。

「勞動分配率」顯示對員工的回饋度

公司從事業經營所產生的「附加價值」中，員工的人事費要準備多少，表示這個比例的就是「勞動分配率」。附加價值是銷售扣掉「外部購入費用」差額。大致上來說，如果先理解「毛利」（參照37頁）的話會更好。

勞動分配率高的公司，人事費的分配比率會比較高；也可以說是薪資較高的公司。不過，如同服務業等業務較多、必須依賴人力的公司等，當然他們的勞動分配率就會提高。相反地，進行機械性工作的公司，勞動分配率就會變得比較低。因為這個率涉到業種的特性等問題，是不能光從勞動分配率來判斷人事費的適當與否的。所以大致掌握住目標就可以了。

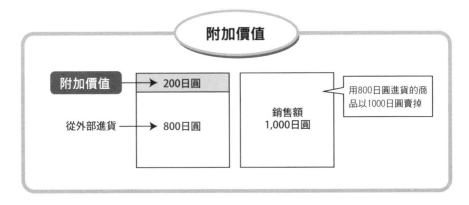

附加價值

附加價值 → 200日圓

從外部進貨 → 800日圓

銷售額 1,000日圓

用800日圓進貨的商品以1000日圓賣掉

勞動分配率

$$勞動分配率(\%) = \frac{人事費}{附加價值} \times 100$$

■附加價值3,000萬日圓，人事費1,500萬日圓的情況

$$\frac{1,500萬日圓}{3,000萬日圓} \times 100 = \mathbf{50\%}$$

因業種而異，不過平均大概是50～60%的數字

2500萬？

經理？

即便算想多拿一塊錢也好，但輕易地變成獵人頭公司的對象就危險了。

Point　增加人事費＝提高固定費

　　員工就算薪水多一塊錢也好的心態是理所當然的。但就算員工努力，公司可以獲利，如果缺乏給員工的回饋，工作的動力就會消失。因此，提高勞動分配率的話，光是這樣公司就必須負擔人事費。當人事費增加，也就代表固定費（參照58頁）跟著增加，公司的經營也會變得更加困難。所以，可以說勞動分配率太高或太低都會是問題。

員工能產生多少附加價值？

> 勞動生產力是可以看出公司生產力的指標，意味著員工一個人的附加價值。

從勞動生產力可以看出公司的生產力

員工一個人的附加價值的產出額稱為「勞動生產力」。這是附加價值除以員工人數得出的值，是可以看出公司的「生產力」的指標。

勞動生產力高代表著員工的工作效率好。同時，理所當然員工一個人如果能夠產生更多的附加價值，對公司來說是有利的事情。對公司而言，勞動生產力越高越好。

$$\text{勞動生產力} = \frac{\text{附加價值}}{\text{員工人數}}$$

勞動生產力

順利的讓大家產生競爭的心態，提高了生產力——也反應了公司的想法。

QC活動一覽

作業能率

5年推移

column

為什麼公司要活用派遣員工？

在工作方式多樣化的最近，派遣員工變成工作者的一大選項。

企業也積極的活用派遣員工（外部人才）。例如，公司在半年內可能特別忙等的情況下，這個半年內就可能使用派遣員工。如果雇用正式員工的話，這個人事費會變成固定的費用，對公司來說會形成相當大的負擔。

因此，派遣員工的採用具有相當機動力的彈性，可以抑制在忙碌期以外的人事費用。雖然因為與正式員工相比產生待遇與薪資差異極大等各種問題，但因為盡可能符合企業與勞動者雙方利害一致的情況下，今後派遣員工這種工作型態應該也會持續下去吧！

派遣員工的優點是根據工作期間和工作的內容，雇用派遣員工還比較能夠帶來即戰力。不過，因為非正式雇用的增加，即使可以有效降低成本，卻也有對於難以透過生產力提升勞動者的職業能力的指摘。

練習問題 1

Exercise1

一件2000日圓的白色襯衫買進10件,然後把這10件襯衫用3000日圓來販賣,銷售額、銷售原價、毛利各是多少?

解答

銷售額30000日圓　　②銷售原價20000日圓　　③毛利10000日圓
〈說明〉
　　　①銷售額　　3000日圓×10件= 30000日圓
　　　②銷售原價 2000日圓×10件= 20000日圓
　　　③毛利　　　30000日圓－20000日圓＝10000日圓　　　35、37頁

Exercise2

期末盤點的結果,盤點額與進貨額如下述。當期的銷售原價是多少?

· 期初商品盤點額:120萬日圓
· 當期商品進貨額:800萬日圓
· 期末商品盤點額:150萬日圓

解答

770萬日圓
〈說明〉
　　　　120萬日圓＋800萬日圓－150萬日圓＝770萬日圓　　　46、47頁

Exercise3

對象期間的銷售額與平均庫存如下述,商品迴轉率是多少?

銷售額:1000萬日圓
平均庫存:200萬日圓

解答

5迴轉
〈說明〉 $\dfrac{1000萬日圓}{200萬日圓} = 5迴轉$　　　50頁

Exercise4

以1組12000日圓買進沙發，然後用1組16000日圓賣掉的時候，毛利率會變成多少％？

解答
─────────────────────────────────────

25%
〈說明〉
　　　　毛利：16000日圓－12000日圓＝4000日圓
　　　　毛利率：4000日圓÷16000日圓＝<u>25％</u>

54頁

Exercise5

根據下列計算數字的損益分歧點銷售額是多少？

・銷售額　　2500萬日圓
・變動費　　1500萬日圓
・固定費　　 700萬日圓

解答
─────────────────────────────────────

1750萬日圓
〈說明〉
$$變動費率＝\frac{1500萬日圓}{2500萬日圓} \times 100＝60\%$$

$$損益分歧點銷售額＝\frac{700萬日圓}{1－60\%}＝\underline{1750萬日圓}$$

60頁

數字的差異，失之毫釐差之千里。

練習是為了踏實地累積能力，相當重要。想要偷懶的時候也不可以放棄。

第 3 章
了解公司財務報表的數字

理解公司不可欠缺的數字就是「財務報表」的數字。公司的財產、負債、利潤等數字，全部都記載在「財務報表」裡。若能理解這些數字的意義，公司的經營狀態是好是壞就一目了然，也可以藉此知道公司的發展和潛力。

首先先從財務報告開始……，請看各位手邊的資料。

初芝電產在泡沫經濟之後，雖然持續低迷不振，前期最後變成赤字結算。

1 公司的基本數字，「財務報表」是什麼？

🔑 Key word 財務報表／會計期間／資產負債表（Ｂ／Ｓ）／損益表（Ｐ／Ｌ）

財務報表是為了向外部報告公司經營的報告書。
以資產負債表（Ｂ／Ｓ）與損益表（Ｐ／Ｌ）兩者作為
財務報表的中心。

如果沒有財務報表，就沒辦法提出公司的數字

要談公司的數字時，一定會出現的就是**財務報表**。一言以蔽之，財務報表就是為了向外部報告公司的經營的報告書。在一定的期間（稱為「**會計期間**」）內將公司的經營做區分，在這個區間裡，公司產生了多少的利潤等，還有公司的財產和借貸的狀況如何，將這些事項依照一定的規則寫下。

「資產負債表」和「損益表」是財務報表的兩根支柱

財務報表不是單一的文件，而是有很多份報告書。其中「**資產負債表**」和「**損益表**」可說是財務報表的兩根支柱。雖然這兩份文件寫了很多詳細的數字和困難的專有名詞，但只要理解了基本概念，應該掌握的部分並沒有那麼多。首先，就先掌握財務報表的架構吧！

會計期間

期初		期末
4月1日		3月31日

公司的經營每天都在持續當中，為了計算利潤，通常一年會分成好幾個區間來製作財務報表。這稱為「會計期間」。例如，若以4月1日開始的會計期間，4月1日就變成期初，最後一天，也就是隔年的3月31日稱為「期末」。

要注意財務報表的這個地方

財務報表對股東來說，是為了知道這家公司的業績如何；對銀行等金融機關來說，則可以作為進行融資的資料；對往來客戶而言，可以作為是否適合往來的判斷基準使用。當然，對經營者和員工來說，這是為了決定公司事業是否應該拓展、該如何訂定目標等，非常重要的資料。

那麼，具體來說，應該注意財務報表的哪個部分呢？雖然從財務報表中可以讀到各式各樣的數據，首先，請先注意「產生多少利潤」和「財產與負債的狀態如何」這兩個部分。

如果沒有產生利潤，是哪裡發生問題？公司從哪裡可以獲利？要如何活用？借款是否有償還？等這些部分都可以透過財務報表而得知。這些對公司來說，是非常重要的資料，所以請務必注意這兩點。

下一頁是「資產負債表」和「損益表」的範本，首先，先看看這兩個表裡面寫了些什麼吧！

用財務報表檢核公司的健康狀態

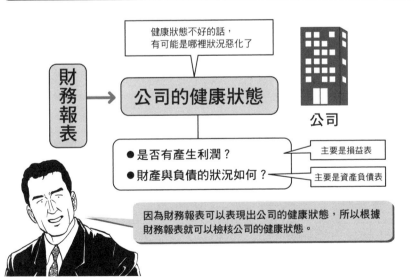

財務報表，也稱為財務諸表或是財報文件。雖然本書並沒有觸及詳細的定義，在本書中將對資產負債表、損益表以及現金流量表三種財務報表來進行解說。

資產負債表

不要被詳細的項目給困住，只要透過框框裡的部分，掌握資產負債表的全貌即可。

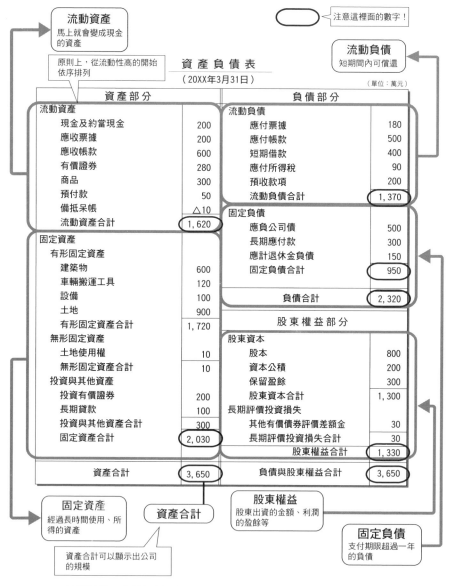

流動資產
馬上就會變成現金的資產

注意這裡面的數字！

流動負債
短期間內可償還

原則上，從流動性高的開始依序排列

資 產 負 債 表
（20XX年3月31日）

（單位：萬元）

資 產 部 分		負 債 部 分	
流動資產		流動負債	
現金及約當現金	200	應付票據	180
應收票據	200	應付帳款	500
應收帳款	600	短期借款	400
有價證券	280	應付所得稅	90
商品	300	預收款項	200
預付款	50	流動負債合計	1,370
備抵呆帳	△10	固定負債	
流動資產合計	1,620	應負公司債	500
固定資產		長期應付款	300
有形固定資產		應計退休金負債	150
建築物	600	固定負債合計	950
車輛搬運工具	120		
設備	100	負債合計	2,320
土地	900		
有形固定資產合計	1,720	股 東 權 益 部 分	
無形固定資產		股東資本	
土地使用權	10	股本	800
無形固定資產合計	10	資本公積	200
投資與其他資產		保留盈餘	300
投資有價證券	200	股東資本合計	1,300
長期貸款	100	長期評價投資損失	
投資與其他資產合計	300	其他有價債券評價差額金	30
固定資產合計	2,030	長期評價投資損失合計	30
		股東權益合計	1,330
資產合計	3,650	負債與股東權益合計	3,650

固定資產
經過長時間使用、所得的資產

資產合計

股東權益
股東出資的金額、利潤的盈餘等

固定負債
支付期限超過一年的負債

資產合計可以顯示出公司的規模

可以透過第五章的經營分析，詳細了解如何解讀資產負債表。
在此之前，這裡請先確實掌握資產負債表的結構。

*編按：本書報表細目依照原文書，與台灣使用之財報寫法略有出入。

損益表

損益表也是一樣不要被詳細的細目困住，請特別注意數字與數字間的關係。

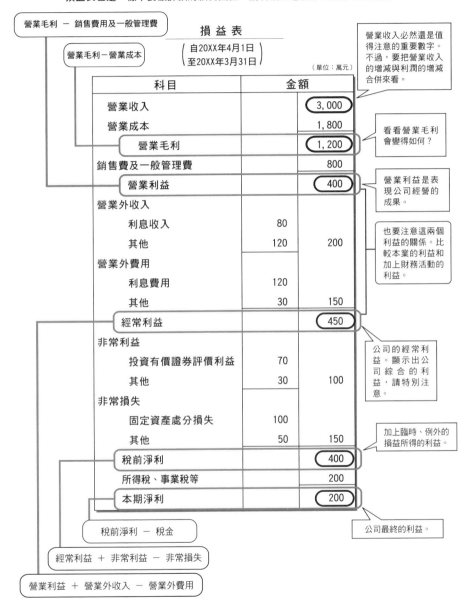

營業毛利 － 銷售費用及一般管理費

營業毛利－營業成本

損 益 表

(自20XX年4月1日)
(至20XX年3月31日)

(單位：萬元)

科目		金額
營業收入		3,000
營業成本		1,800
營業毛利		1,200
銷售費及一般管理費		800
營業利益		400
營業外收入		
利息收入	80	
其他	120	200
營業外費用		
利息費用	120	
其他	30	150
經常利益		450
非常利益		
投資有價證券評價利益	70	
其他	30	100
非常損失		
固定資產處分損失	100	
其他	50	150
稅前淨利		400
所得稅、事業稅等		200
本期淨利		200

營業收入必然還是值得注意的重要數字。不過，要把營業收入的增減與利潤的增減合併來看。

看看營業毛利會變得如何？

營業利益是表現公司經營的成果。

也要注意這兩個利益的關係。比較本業的利益和加上財務活動的利益。

公司的經常利益。顯示出公司綜合的利益，請特別注意。

加上臨時、例外的損益所得的利益。

公司最終的利益。

稅前淨利 － 稅金

經常利益 ＋ 非常利益 － 非常損失

營業利益 ＋ 營業外收入 － 營業外費用

從損益計算表的結構，可以掌握住五個利益的意義。

2 從資產負債表可以了解什麼？

Key word 財務狀態／資產／負債／股東權益／借入資本／自有資本

 資產對照表是為了顯示在一定期間裡，公司的財務狀態而作成的財務報表。所以，根據資產負債表就可以了解公司的財務狀態。

顯示集資與集資而來的金錢狀況的「資產負債表」

財務報表的兩根支柱之一的「**資產負債表**」究竟是什麼呢？用一句話來說，就是「顯示公司的財產與借貸等的狀態的報告書」。如果用比較深的說法，就是「為了顯示一定期間內公司的財務狀態所作成的報告書」。

例如，公司向銀行等貸款，募集發行股票的資金，然後用這筆資金買進更多的商品進行銷售等從事經營活動。資產負債表正是顯示「募集到的資金與這筆資金的狀況」（這個狀態即稱為「**財務狀態**」）。

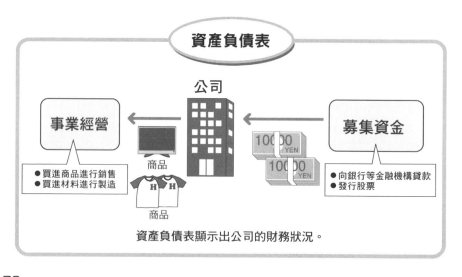

資產負債表顯示出公司的財務狀況。

資產負債表的區分

　　資產負債表依照財務狀況，分成**「資產」**、**「負債」**、**「股東權益」**，如果用其他的說法，也可以分成「募集到的資金」、「募集到的資金的狀態」左右兩邊。關於這點，稍微詳細觀察的話，右欄裡面寫的是「募集來的資金」，根據資金的提供者再做區分。例如向銀行貸款等為「負債」，向股東集資的部分則區分為「股東權益」。

　　左欄則是寫「募集到的資金的狀態」。這裡是顯示資金的運用狀況。例如使用集資購買商品，則寫「商品」，購入建築物則寫「建築物」等形式。這些就是所謂的「資產」。

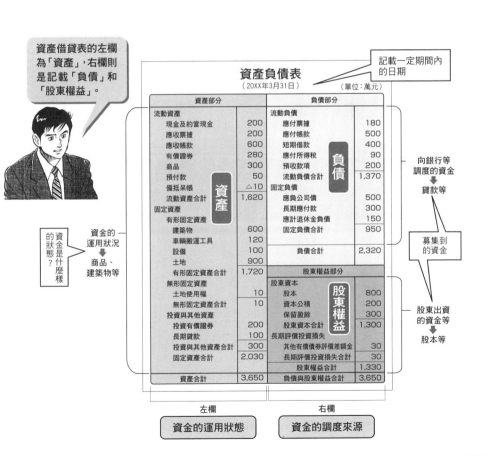

借入資本與自有資本

這裡再增加一點小知識。「**借入資本**」和「**自有資本**」這兩個詞，也常被使用。在這個場合裡，資本意味著資金的調度來源。他人資本是來自第三者的提供，自有資本則是來自股東的提供。

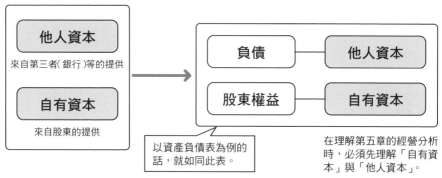

他人資本
來自第三者(銀行)等的提供

自有資本
來自股東的提供

負債	—	他人資本
股東權益	—	自有資本

以資產負債表為例的話，就如同此表。

在理解第五章的經營分析時，必須先理解「自有資本」與「他人資本」。

糟了

看了這份財務報表，發現這家公司的貸款相當高。

他人資本包括向銀行的貸款等負債。只要看了資產負債表，負債到什麼程度就一目了然了。

column

股份有限公司是什麼樣的結構？

　　股東透過買進公司發行的股份（也稱為股）的方式，出資給這家公司。公司則是利用這筆資金進行事業經營，產生利潤，然後將這些利潤回饋給股東。這就是股份有限公司制度的基本結構。然後，公司分配利潤給股東稱為「股利」。

　　另外，股東在股東大會上，還擁有參與決議權利的議決權、剩餘財產分配請求權（當公司解散的時候，拿到分配剩餘財產的權利）等好幾種權利。

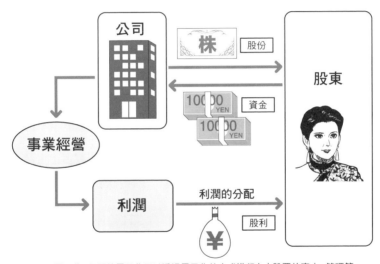

※股票現在已經電子化，股票的電子化可以透過電子化的方式進行上市股票的廢止、管理等。

3 「資產負債表」中要取得什麼平衡呢？

Key word 借方／貸方

> 資產負債表左欄是寫入資產，右欄則是寫負債和股東權益，左右兩邊有分哪一邊比較大、哪一邊比較小嗎？

資產負債表是左右欄一致

資產負債表的英文是「balance sheet」，要說是什麼的平衡的話，可以說就是如79頁所解釋的資產負債表左欄右欄的平衡。這個表必定是左右一致。也就是取得平衡可以互相抵消。

這表示「資產」的合計，與「負債」和「股東權益」的合計是一致的。募集到的資金與這筆資金的狀態儀式是理所當然的事情。募集到的資金，是讓這筆資金原封不動？或者是應該要運用在什麼地方？這個結構相當重要，請確實掌握。

資產負債表（balance sheet）必定是左右兩邊呈現平衡

資 產 負 債 表

左欄稱為借方 → 資產

右欄稱為貸方 ← 負債
股東權益

左右一致 ← 左右兩邊呈現平衡

資產負債表的左欄稱為「借方」，右欄稱為「貸方」。

資產負債表的構成

左欄（借方）＝這筆資金的運用狀態　◀──　右欄（貸方）＝募集到的資金

一致

從這個關係，可以得出以下的計算公式：

資產＝負債＋股東權益

不過，為什麼稱為「借方和貸方」呢？是借錢、貸款的意思嗎？不過如果是這個意思，好像有點奇怪。

資　產　負　債　表

（萬日圓）

資產	負債
3,000	2,000
	股東權益
	1,000

以計算公式來表現如下

3000萬日圓＝2000萬日圓＋1000萬日圓

如果想成是「借」與「貸」等，反而會不容易理解。
關於這點，這麼說好像不負責任，但不要去想比較好。因為現在想是沒有意義的。

4 資產負債表的內容是什麼？

Key word 流動資產／固定資產／流動負債／固定負債／股東資本

資產分成流動資產、固定資產和遞延資產（deferred assets）三類；而負債是分為流動負債與固定負債；股東權益則是分為股東資本和其他的項目。

資產分成流動資產、固定資產和遞延資產三類

　　首先，先從「資產」來看起。資產顯示資金的運用狀況，也可以說是「為了產生利益而必須具備的資金和物件」。因此大致分為「**流動資產**」、「**固定資產**」和「**遞延資產**」三類。

　　「流動資產」就是馬上可以變現的資產。例如現金、存款、應收帳款（參照下一頁）、商品等都算在內。相對於此，「固定資產」是轉換為金錢的時間比較長，經得起長期使用、擁有的資產。例如建築物、車輛（汽車）等。另外，遞延資產是比較少見的特殊項目，在這裡就不做說明。只要記得以上這些就可以了。

```
              資產負債表

┌─────────────────┬─────────────────┐
│   資產的部分     │   負債的部分     │
│   流動資產       │   流動負債       │
│                  │   固定負債       │
│   固定資產       ├─────────────────┤
│                  │  股東權益部分    │
│   遞延資產       │   股東資本       │
│                  │   其他項目       │
└─────────────────┴─────────────────┘
```

資產的分類

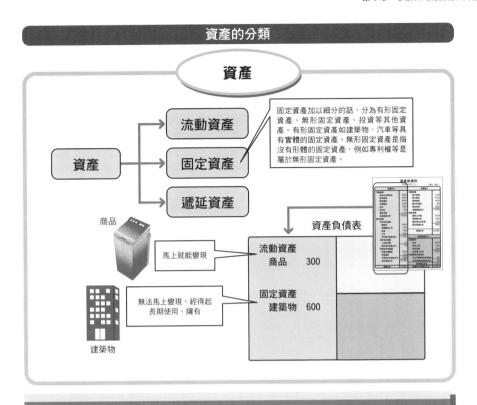

「應收帳款」、「應付帳款」是什麼？

　　之前出現過「應收帳款」這個詞（另一個相對的名詞是「應付帳款」），這裡的「應收」如果詳細解說的話，就是「賒」的意思。賒款是先把商品交付給對方，之後再來付款的買賣方式。以賒帳的方式販賣，款項之後再收取的權利就稱為「應收帳款」。也就是在銷售的時候，不收費用，而擁有日後收取款項的權利。相反地，賒帳的商品進貨後，日後不得不付款的義務就是「應付帳款」了。

負債分為流動負債和固定負債

　　接下來來看關於「負債」的部分。負債顯示的是向銀行等籌措而來的資金，換別的方式來說，就是如同應付帳款和借款，將來必須要償還的費用。另外，負債還分為「**流動負債**」和「**固定負債**」，流動與固定的區分和之前說過的資產的情況是一樣的。應付帳款等是屬於流動負債，償還期限超過一年的借款等，就列為固定負債。

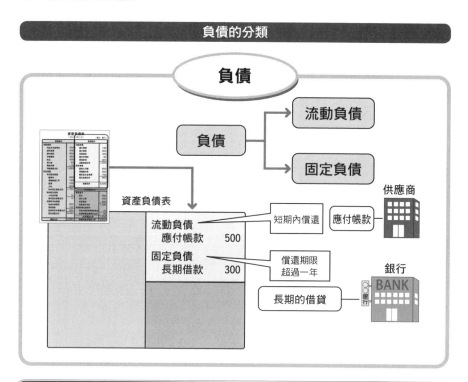

流動資產與固定資產的區分

　　流動資產與固定資產的區分，是以一年內金錢的償還狀況來作區分。這就是一年基準。不過也有正常營業循環基準，公司以現金→採購→商品→銷售→應收帳款→現金這種普通的事業經營方式，所產生的部分就成為流動資產。原則上商品和應收帳款是作為流動資產。這個流動和固定的區分方式，也適用負債的情況。

股東權益分為股東資本和其他項目

　　最後要談的是「股東權益」。股東權益分為「股東資本」和「其他項目」。另外，股東資本，還可以分為「股本」、「資本公積」、「保留盈餘」、「其他項目」。

　　雖然有各種的項目，首先在股東資本當中，股本與資本公積顯示的是股東出資的金額，保留盈餘則是顯示公司增加的金額、公司的利潤盈餘。先理解以上的說明即可。

股東權益的分類

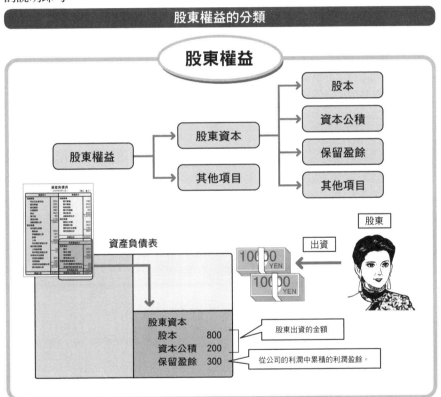

重新整理資產負債表的結構：「資產」分成「流動資產」、「固定資產」和「遞延資產」；「負債」分為「流動負債」、「固定負債」；「股東權益」分為「股東資本」和「其他項目」。

然後「資產」與「負債」、「股東權益」的合計要一致，對吧？

5 預防往來廠商倒閉 所準備的應收款預備金

為了面對往來廠商倒閉等發生無法收回應收帳款等
情況所列的準備。這就是應收款預備金。

作為預定要收回的費用收不回來的情況下的準備

與供應商的公司的往來，不是使用現金交易，而是用應收帳款或票據（寫上在一定時間、支付多少錢的證明），經常互相約定是幾個月後收取費用的方式。不過，這種債權（收錢的權利），若是往來的公司發生破產的情況，該怎麼辦？

像是這樣的情況，這個債權可能就收不回來了。因此，必須要先有發生應收帳款無法收回的情況之準備。這就是「應收款預備金」（備抵呆帳）。資產負債表中會以「△」來表示。△表示負的意思，也就是為了將來可能發生的損失預作準備，所以這個部分在資產負債表上就會是負值了。

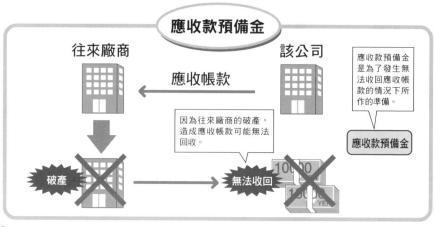

應收款預備金

| 往來廠商 | 應收帳款 | 該公司 |

應收款預備金是為了發生無法收回應收帳款的情況下所作的準備。

因為往來廠商的破產，造成應收帳款可能無法回收。

破產　無法收回

應收款預備金

A公司的業績很糟糕，負債不該膨脹到這種程度吧？對我們的影響不知道要不要緊哪！

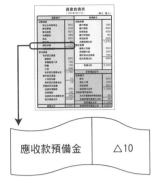

| 應收款預備金 | △10 |

往來廠商的經營惡化，要考量可能收不回應收帳款。因此，帳上先估列應收款預備金，為將來發生的損失預作準備，事先估算可能發生的費用。

應收款預備金以外的準備金（退休給付準備金）

「準備金」是為了將來所準備的，除了應收款準備金以外，也有其他準備金。例如準備將來會產生的退休金支付的「退休金給付準備金」。76頁的資產負債表裡也有顯示（負債的部分）。

我到明天就退休了。

要與投入37年工作的這家初芝電產告別了。

長久以來的工作，辛苦你了。

啊，終於可以從工作中解放了。

也能拿到大筆退休金啊！

6 以折舊的方式讓固定資產之價值的減少費用化

Key word 有形固定資產／折舊

有些東西從買進來之後，價值會不斷下跌。將這個價值減少的部分費用化的手續，就是折舊。

折舊是將價值下跌的部分費用化的手續

假設，以兩百萬買進的營業用汽車為例，車輛作為資產，可增加兩百萬的編列。但是，想想看，這輛車過了一年，是否還保有兩百萬的價值呢？開了一年，不但髒掉的地方變得很明顯，兩年、五年中說不定還有什麼地方會撞到或損傷。

像這樣，「有形固定資產」（參照85頁）當中，有些東西的價值會漸漸地減少。汽車、建築物等，因為每年會一點一滴的減損價值，所以要將這個價值的減損部分，每年一點一滴的費用化，這個手續就稱為「折舊」。

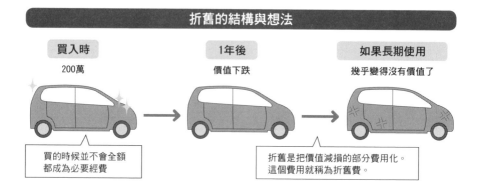

折舊的結構與想法

買入時	1年後	如果長期使用
200萬	價值下跌	幾乎變得沒有價值了

買的時候並不會全額都成為必要經費

折舊是把價值減損的部分費用化。這個費用就稱為折舊費。

折舊的計算

〈定額法〉

取得價格　　100萬
耐用年數　　8 年
折舊率　　　0.125
第一年　1,000,000×0.125
　　　　　　＝125,000
第二年　1,000,000×0.125
　　　　　　＝125,000
⋮

〈定率法〉

取得價格　　100萬
耐用年數　　8 年
折舊率　　　0.313
第一年···1,000,000×0.313
　　　　　　＝313,000
第一年···687,000×0.313
　　　　　　＝215,031
⋮

※依據日本國稅局的網頁製成

Point　折舊的方法

　　關於折舊的方法，有定額法和定率法。定額法是以從開始使用起，每年以同樣額度的價值減損的方法來計算。原則上，折舊每年是同樣額度。與此相反的定率法則是折舊的額度以剛開始那年最高，然後逐年減少的方法。
　　另外，不管價值減少了多少，都還是列在固定資產的種類裡。

7 從損益表 可以了解什麼？

Key word 損益計算表／收益／費用／利益／損失

簡單來說，損益表就是計算「收益」扣掉「費用」後的「利益」或「損失」的計算表。可以了解公司是增加利益或者是虧損。

「損益表」是計算「獲利」的報表

公司是為了獲利，也就是為了「利益」而存在的。「損益表」（Profit and Loss Statement，簡稱P／L）就是計算一定期間內的獲利（利益）。在這裡，希望大家想起前面說過的，公司的利益是「營業額」（銷售額）扣掉「成本」所計算出來的（參照35頁）。損益表是「**收益**」扣掉「**費用**」，計算出「**利益**」。這裡的「收益」和「營業額」是一樣的東西，「費用」則是和「成本」相同。總之，先理解雖然說法不一樣，基本上都是透過相同的計算方式而得出利益。寫成計算公式的話就是「收益（營業額）－費用（成本）＝利益」。

而且，如果收益比費用大的時候，這個差額就是變成了「利益」；費用比收益大的話，也就是變成負值的情況下，就變成「**損失**」。這個利益和損失合起來即稱為「損益」。

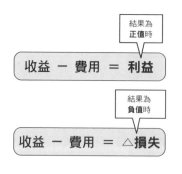

結果為
正值時

收益 － 費用 ＝ 利益

結果為
負值時

收益 － 費用 ＝ △損失

如果算出來是正值，就有利潤；如果是負值的話，就變成損失了……

損益表的基本結構

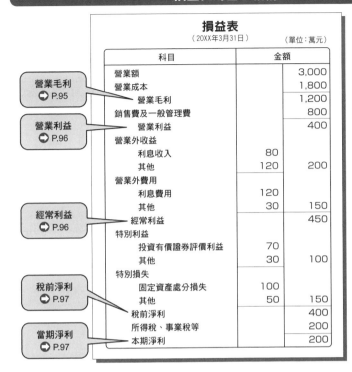

損益表
（20XX年3月31日）　（單位：萬元）

科目		金額
營業額		3,000
營業成本		1,800
營業毛利		1,200
銷售費及一般管理費		800
營業利益		400
營業外收益		
利息收入	80	
其他	120	200
營業外費用		
利息費用	120	
其他	30	150
經常利益		450
特別利益		
投資有價證券評價利益	70	
其他	30	100
特別損失		
固定資產處分損失	100	
其他	50	150
稅前淨利		400
所得稅、事業稅等		200
本期淨利		200

- 營業毛利 ➡ P.95
- 營業利益 ➡ P.96
- 經常利益 ➡ P.96
- 稅前淨利 ➡ P.97
- 當期淨利 ➡ P.97

> 損益表因為是計算一定期間*內公司的利益與損失，所以也可以說是顯示出公司的成績喔！

＊一定期間通常是一年

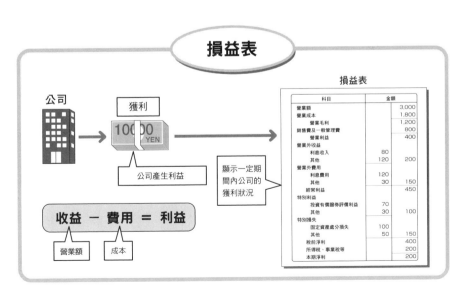

損益表

公司　→　獲利　10000 YEN　→

公司產生利益

顯示一定期間內公司的獲利狀況

收益 － 費用 ＝ 利益

營業額　成本

8 掌握損益表的五個利益

🔑 **Key word** 營業毛利／營業利益／經常利益／稅前淨利／本期淨利

> 損益表顯示了五個利益。注意這五個利益,來看看損益表的結構吧!

損益表可以用單純的加減法表示

那麼,接著說明關於損益表的基本結構。與資產負債表一樣,實際上看了損益表,會發現項目分的很細,並排了很多數字。因此,可能給人很困難的印象也說不定。不過,這個報表的結構其實非常單純,可以用+、-,也就是加減法來計算出來。因為,基本上就只是「收益-費用=利益」的計算而已。

損益表的基本結構

```
  +  收益   10
  -  費用    8
  ─────────────
  =  利益    2
```

> 簡單來看損益表的話,可說用加減法就能成立了。只是單純的計算而已。

> 損益表基本上就是用加法和減法就可以得出結果的啊!

> 万是告訴你了嘛!!

出現在損益表的五個利益

損益表的數字由上往下並列，從上面開始依序出現五個利益。一邊注意這些利益，一邊來看說明。

薪資明細表的範本

科目	金額	
營業額		3,000
營業成本		1,800
① 營業毛利		1,200
銷售費及一般管理費		800
② 營業利益		400
營業外收益		
利息收入	80	
其他	120	200
營業外費用		
利息費用	120	
其他	30	150
③ 經常利益		450
特別利益		
投資有價證券評價利益	70	
其他	30	100
特別損失		
固定資產處分損失	100	
其他	50	150
④ 稅前淨利		400
所得稅、事業稅等		200
⑤ 本期淨利		200

損益表（20XX年3月31日）（單位：萬元）

損益表分成幾個階段，顯示出公司利用什麼樣營業方式而產生獲利，

①營業毛利

首先，最上面的是「營業額」（銷售額）。營業是指公司銷售商品，營業額就是代表收益。然後，營業額下面是「營業成本」（銷售成本），這是指銷售的商品進貨、製造時所花費的金額。接著是從營業額扣掉營業成本所得到的數字就是營業毛利（粗利益）。

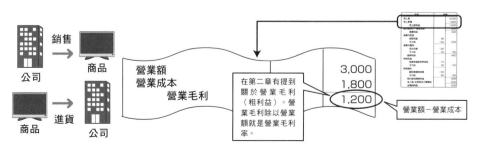

②營業利益

在「營業毛利」之後出現的是「營業利益」。營業利益是營業毛利減掉營業費用（銷售費及一般管理費）而計算得出的。營業費用（管銷費）是公司經營上必要的各種支出（參照40頁）。公司根據銷售商品等行為產生出營業毛利扣掉這個營業費用（管銷費）所得的差額就是營業利益。

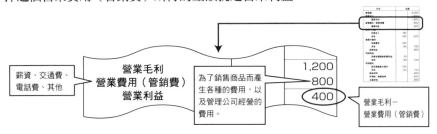

Point　營業利益是顯示本業的獲利狀態

以公司的本業的經營而得到的獲利就稱為營業利益。營業利益澈底顯示出經營的利益。利息的支付、獲得都沒有列入其中。是可以看到公司銷售多少、花了多少費用而產生利益的地方。所以，營業利益可以視為是顯示公司經營成果的數字。

---

③經常利益

下一個利益是「經常利益」。經常利益是「營業利益」加上「營業外收益」、扣掉「營業外費用」而計算出來的數字。營業外收益與營業外費用是指在本業經營之外產生的收益和支出。具體而言，借錢、運用剩餘的金錢等，透過理財活動產生的利息收入或是利息支出等。

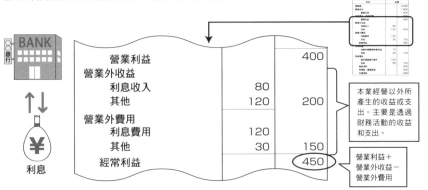

④稅前淨利

「經常利益」的下一個是「稅前淨利」，這是經營利益加上「特別利益」，扣掉「特別損失」後所得出的數字。特別利益和特別損失，並不是平常會產生的，而是臨時的。例如賣掉所擁有的不動產時，產生處分利得的情況。因為不是經常買賣，而是臨時的事件，所以稱為特別利益。另外，遇到火災、地震等災害而產生損失的時候，就會有特別損失。因為加上了例外的部分，所以在看一家公司的實力時，通常注意的是上一個的經常利益。

⑤本期淨利

最後扣掉「稅金」。稅前淨利扣掉「所得稅」、「事業稅」等，所得出公司的最後利益就是「本期淨利」。

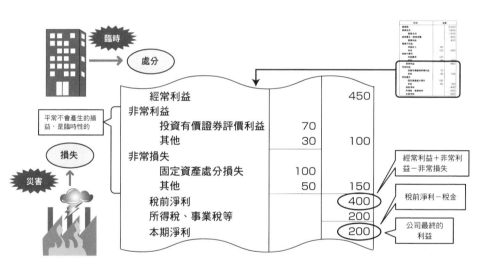

經常利益		450
非常利益		
投資有價證券評價利益	70	
其他	30	100
非常損失		
固定資產處分損失	100	
其他	50	150
稅前淨利		400
所得稅、事業稅等		200
本期淨利		200

平常不會產生的損益，是臨時性的

經常利益＋非常利益－非常損失

稅前淨利－稅金

公司最終的利益

Point　經常利益是公司經常性的利益

　　營業外收益、營業外費用雖然並不是因為公司的本業經營所產生的，但卻是公司在經營上不可或缺的收益和費用。經常利益也有今後會持續下去的公司經常性利益的意思。另外，社會上一般談到公司的利益時，通常大多是指這裡所說的經常利益。

9 從「現金流量表」掌握公司金錢的動向

 Key word 出自經營活動的金流／出自投資活動的金流／出自理財活動的金流

> 可以了解公司的「金錢」增減狀態的財務報表，
> 就是現金流量表。根據這份報表也可以從金錢面
> 來掌握公司經營的實際狀況。

光靠資產負債表與損益表無法抓住金錢的動向

以上雖然已經介紹關於財務報表的兩大支柱：「資產負債表」和「損益表」，不過還有一項，是應該要理解比較好的財務報表。那就是「現金流量表」（Cash Flow Statement: C/S）。現金流量表中所說的「Cash」，就是「現金」（正確來說，現金以外的也包含在內），「Flow」則是指一定期間的「增減」。也就是說，現金流量表顯示的是公司的金錢的增減狀態。

現金流量表所扮演的角色

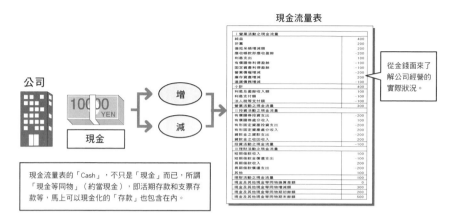

現金流量表

I 營業活動之現金流量	
純益	400
折舊	200
備抵呆帳增減額	200
應收帳款即應收款餘額	-200
利益支出	100
有價證券利得損益	-100
固定資產利得損益	-100
營業債權增減	-200
庫存資產增減	200
進貨債務增減	-100
小計	400
利息及盈餘收入額	100
利息支付額	-100
法人稅等支付額	-100
營業活動之現金流量	300
II 投資活動之現金流量	
有價證券投資支出	-200
有價證券處分收入	100
有形固定資產投資支出	-200
有形固定資產處分收入	200
貸款之貸款支出	-200
貸款金之回收收入	200
投資活動之現金流量	-100
III 理財活動之現金流量	
短期借款收入	100
短期借款金償還支出	-100
長期借款收入	200
長期借款償還支出	-200
其他	100
理財活動之現金流量	100
現金及其他現金等同物換算差額	0
現金及其他現金等同物增減額	300
現金及其他現金等同物期初餘額	200
現金及其他現金等同物期末餘額	500

從金錢面來了解公司經營的實際狀況。

現金流量表的「Cash」，不只是「現金」而已，所謂「現金等同物」（約當現金），即活期存款和支票存款等，馬上可以現金化的「存款」也包含在內。

公司的活動與金流的增減

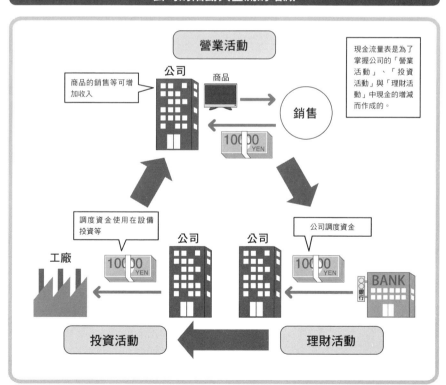

營業活動

商品的銷售等可增加收入

公司 商品 銷售

現金流量表是為了掌握公司的「營業活動」、「投資活動」與「理財活動」中現金的增減而作成的。

調度資金使用在設備投資等

工廠 公司 公司 公司調度資金

BANK 銀行

投資活動 理財活動

現金流量表大致上是由「營業活動之現金流量」、「投資活動之現金流量」、「理財活動之現金流量」三部分所構成的。

現金流量表的基本構造

Ⅰ 營業活動之現金流量	
純益	400
折舊	200
備抵呆帳增減額	200
應收帳款即應收盈餘	−200
利息支出	100
有價證券利得盈餘	−100
固定資產利得盈餘	−100
營業債權增減	−200
庫存資產增減	200
進貨債務增減	−100
小計	400
利息及盈餘收入額	100
利息支付額	−100
法人稅等支付額	−100
營業活動之現金流量	300
Ⅱ 投資活動之現金流量	
有價證券投資支出	−200
有價證券處分收入	100
有形固定資產投資支出	−200
有形固定資產處分收入	200
貸款金之貸款支出	−200
貸款金之收回收入	200
投資活動之現金流量	−100
Ⅲ 理財活動之現金流量	
短期借款收入	100
短期借款金償還支出	−100
長期借款收入	200
長期借款償還支出	−200
其他	100
理財活動之現金流量	100
現金及其他現金等同物換算差額	0
現金及其他現金等同物增減額	300
現金及其他現金等同物期初餘額	200
現金及其他現金等同物期末餘額	500

要注意這裡！

從公司的營業活動產生的現金增減
→公司透過營業活動產生了多少的金錢？
這裡可以看出在本業上可以產生多少的現金，是很重要的數字。這裡如果持續為負值，表示經營狀況很嚴峻。

為了設備投資等的投資所產生的現金增減
→公司使用多少金錢在投資上？
這裡可以看到固定資產（設備投資）或股票買賣等產生的金流。使用金錢的情況以負號表示。

來自資金調度或償還所產生的現金增減
→剩餘的錢用在什麼地方、不足的部分如何調度？
隨著貸款等而來的金流動向。如果有貸款等資金調度就會增加；相反地，如果償還貸款，這裡的數字會減少。

column

公司結算是黑字也會倒閉嗎？

　　有個名詞叫做「黑字倒閉」。黑字是指在損益表上產生利益，即是「獲利」的狀態。儘管如此，如果還是面臨倒閉，怎麼會這樣呢？

　　例如，商品以「賒帳」的方式銷售，卻發生無法收回這筆應收帳款的情況，這是其中一個原因。儘管不斷地銷售出去，卻無法收到錢，錢反而不斷減少，（因為不得不支付進貨等經費的支出）然後就是迎接倒閉的狀態。

　　計算上雖然產生利益，但現金不足成了倒閉的原因。像這樣，也有因為現金的進出金額的時間點的緣故（資金週轉不靈），而發生倒閉的情形。為了防止發生這樣的情況，有必要掌握金流的動向。

即使產生利益，資金週轉不靈的話，也會發生「黑字倒閉」的情況。務必要小心。

10 三個報表的關係是什麼？

Key word 資產負債表／損益表／現金流量表

> 資產負債表、損益表、現金流量表這三個報表各
> 自相連，數字會產生連動性。

三個報表會連動

到目前為止，以「資產負債表」、「損益表」、為中心，也包含了「現金流量表」，都已經看過這三種報表了。

資產負債表是顯示公司如何調度資金，如何運用這些資金。而損益表則是顯示公司在一定期間內如何產生利益。第三個現金流量表是顯示公司的金錢的增減情況。因此，這三種財務報表的角色各有不同。

但是，在這三種報表中所記載的數字是互相連動的，而且表現出公司的經營狀態。所以請不要將這三種報表各自分開來看，以整體的方式合起來看是很重要的。

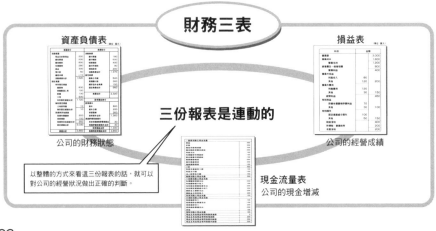

財務三表

資產負債表
公司的財務狀態

三份報表是連動的

損益表
公司的經營成績

現金流量表
公司的現金增減

以整體的方式來看這三份報表的話，就可以對公司的經營狀況做出正確的判斷。

column

複式簿記是什麼?

　　財務報表是將公司的活動根據複式簿記的規則所做的記錄資料而作成的。在這裡簡單地說明複式簿記是什麼樣的東西。

　　首先,所謂的簿記,是為了將公司的活動以帳簿做記錄,並作成報表(資產負債表和損益表等)的一種規則、技術。而複式簿記是指將一個交易以兩面的方式來作記錄和計算。這裡所說的兩面,是根據原因和結果,從兩方面同時記錄公司的活動。例如,以現金一萬元買進一台事務機,這個時候,從「增加事務機這個設備(資產)」的另一方面來看,就是「現金(資產)減少一萬元」,可以從這兩方面來記錄同一件事情。

　　將上面的例子下述的方式同時記錄:

(借方) 設備　10,000　　(貸方) 現金　10,000	記入的方式有其一定的規則

　　複式簿記就是一筆交易,如上表,分成左(借方)右(貸方)兩邊來記錄。

　　雖然本書在此不針對簿記詳加解釋,但是複式簿記這種以兩方面來看一個事件的思考方式,在工作的場合也很重要,可以說對各方面都很有幫助吧!

練 習 問 題 2

在下面的空格（ ① ）～（ ③ ）裡，填入適當的金額。

資 產 負 債 表

（20XX年3月31日）

（單位：千元）

資 產 的 部 分		負 債 的 部 分	
科目	金額	科目	金額
流動資產	（ ① ）	流動負債	342,800
固定資產	406,500	固定負債	（ ③ ）
		負債合計	875,000
		股 東 權 益 的 部 分	
		股東資本	159,000
		股東權益合計	159,000
資產合計	（ ② ）	負債及股東權益合計	1,034,000

解答

①627,500　　②1,034,000　　③532,200

〈解說〉

①因為資產合計與負債、股東權益的合計必須一致，資產合計是
1,034,000，所以流動資產是 1,034,000－406,500＝627,500
②與①說明相同。
③負債合計－流動負債＝固定負債
875,000－342,800＝532,200

在下面的空格（ ① ）～（ ④ ）裡，填入適當的金額。

損 益 計 算 表

自20XX年4月1日
至20XX年3月31日

（單位：千元）

科　目	金　額
營業額	（ ① ）
營業成本	1,092,000
營業毛利	472,000
銷售費及一般理費	363,000
營業利益	（ ② ）
營業外收益	91,000
營業外費用	（ ③ ）
經常利益	18,000
非常利益	65,000
非常損失	73,000
稅前淨利	（ ④ ）
所得稅、事業稅等	4,000
本期淨利	6,000

解答

①1,564,000　　②109,000　　③182,000　　④10,000

〈解說〉

①營業額＝營業成本＋營業毛利

1,092,000＋472,000＝1,564,000

②營業利益＝營業毛利－管銷費

472,000－363,000＝109,000

③營業外費用＝營業利益＋營業外收益－經常利益

109,000＋91,000－18,000＝182,000

④稅前淨利＝經常利益＋非常利益－非常損失

18,000＋65,000－73,000＝10,000

第 4 章
透過「經濟」的超基礎數字擴大對世界的視野

經濟會以世界為舞台經常變動。其動向會顯現於物價、利率、匯率等各種事項上。而這些事項所顯現的數字變化，與我們日常的工作或生活也有密切關係，會帶來莫大的影響。經濟的變動，我們無法置身事外。

1 景氣的「好」、「壞」是什麼樣的狀態？

所謂的景氣，是經濟活動的整體動向。景氣「好」，就是經濟活動呈現活潑的狀態；景氣「不好」，就是經濟活動不活潑的狀態。

景氣是經濟活動的整體動向

我們常會聽到「景氣好、景氣不好」的說法。所謂的「**景氣**」，就是買賣或交易等經濟活動的整體動向或趨勢。

財貨與勞務不斷暢銷，企業的利益增加，個人的所得也增加的狀態，稱為「**景氣好·好景氣**」的狀態。「**景氣好**」則市面上的金錢流通順暢，經濟活動活潑。反之，財貨與勞務滯銷、企業利潤減少，個人所得也減少的狀態，稱為「**景氣差·不景氣**」。「**不景氣**」則市面上的金錢流通狀況不佳，經濟活動也停滯。而經濟活動的狀態會經常變化，景氣會不斷重覆好與壞。

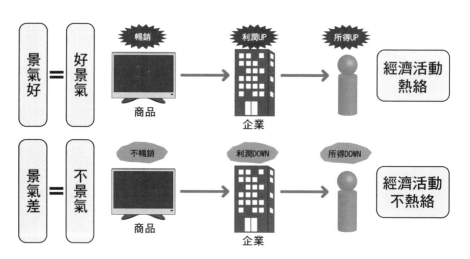

總體經濟學與個體經濟學

應該聽過總體經濟學、個體經濟學這些字吧？在思考經濟時，可採取「總體經濟學」與「個體經濟學」兩種角度。如果以極簡單的方式來講，就是：

總體經濟學……研究一國經濟整體的經濟學，從宏觀的角度研究經濟機制
個體經濟學……分析個人與企業等主體，從個別的經濟活動到經濟機制都包
　　　　　　　括在內
總體經濟學可比喻為「鳥的眼」，個體經濟學可比喻為「螞蟻的眼」。

景氣一好，顧客也會變多

景氣一好，消費者也會產生購買意願，金錢的流通會變得熱絡。

Point　所謂的「經濟」到底是什麼？

　　所謂的「經濟」，指的是為經營社會生活而生產、消費、交換（買賣）財貨與勞務的行為。我們的生活中需要財貨與勞務，企業生產財貨與勞務，人們消費財貨與勞務，形成一個機制。也就是說，人們為了生活而交換所需要的財貨與勞務，也可以稱為經濟。至於讓交換順利進行的，是「錢」。

2 景氣有「高峰」也有「谷底」

Key word 景氣循環／景氣動向指數

景氣會反覆出現「好景氣→景氣衰退→不景氣→景氣回復→好景氣」的循環。這稱為「景氣循環」

景氣會循環性地變動

先前已說明，景氣會有好與不好兩種狀態，但基本上它會反覆沿著一定的循環走，也就是「好景氣」→「景氣衰退」→「不景氣」→「景氣回復」→「好景氣」。景氣會循環性地時而變好，時而變壞，稱為「景氣循環」。

此外，如果從景氣好、景氣不好兩種角度來看，景氣最好的點稱為「高峰」，景氣最差的點稱為「谷底」。從一個「谷底」到另一個「谷底」，就是一個景氣循環。

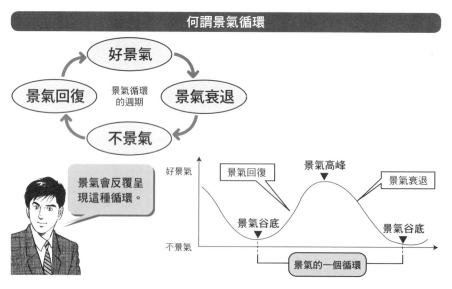

何謂景氣循環

景氣循環的週期

景氣循環有一定的週期。循環的週期有以下這些種類，景氣循環可視周期之長短分為四類。

基欽週期 (Kitchin Cycle)	尤格拉週期 (Juglar Cycle)	庫茲涅茨週期 (Kuznets Cycle)	康德拉捷夫週期 (Kondratieff Cycle)
約四十個月 的週期	約十年 的週期	約二十年 的週期	約五十年 的週期

針對景氣循環的週期，從以前就有人提出許多學說。
現代來說，最廣為接受的是以上四種學說。

景氣的好壞對於這種地方也有影響

如何得知景氣動向？

有幾項指標可得知景氣動向，代表性的指標之一是「**景氣動向指標**」（台灣由行政院經建會發佈）。它是由對景氣的變動敏感的幾項指標組合而成的，由於組合了多項指標，因此可對景氣的狀況做出綜合性的判斷與預測。指標中可分為「領先指數」、「同步指標」、「落後指標」三種。

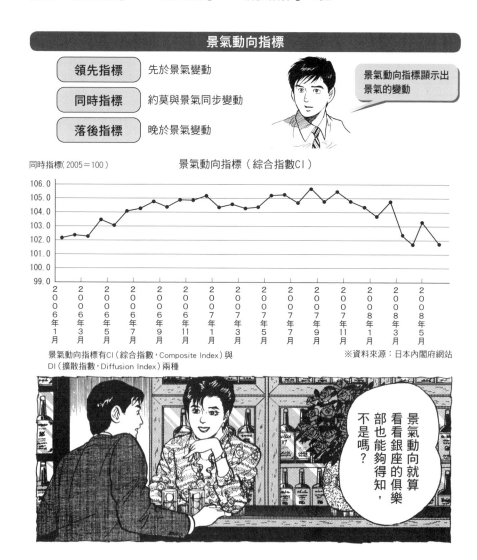

景氣動向指標

領先指標	先於景氣變動
同時指標	約莫與景氣同步變動
落後指標	晚於景氣變動

景氣動向指標顯示出景氣的變動

同時指標（2005＝100）　　　景氣動向指標（綜合指數CI）

景氣動向指標有CI（綜合指數，Composite Index）與
DI（擴散指數，Diffusion Index）兩種

※資料來源：日本內閣府網站

景氣動向就算看看銀座的俱樂部也能夠得知，不是嗎？

column

為什麼景氣會變動?

　　景氣的變動是由於各種因素交錯在一起造成的,但如果以一個案例簡單介紹的話,會變成像下面這樣:

　　一旦財貨暢銷,企業的業績變好,員工的薪資也會增加,活化了消費活動,好景氣就到來了。財貨太過暢銷,變成缺貨狀態時,財貨的價格會漸漸變高。隨著價格一上升,把許多產品賣給消費者後,財貨又會變得不暢銷,景氣漸漸惡化。於是,企業縮小生產,員工的所得就不振了。財貨一旦不暢銷,其價格會降低;價格一低,財貨又會開始暢銷,使得消費增加、景氣回復……景氣就是像這樣在循環的。

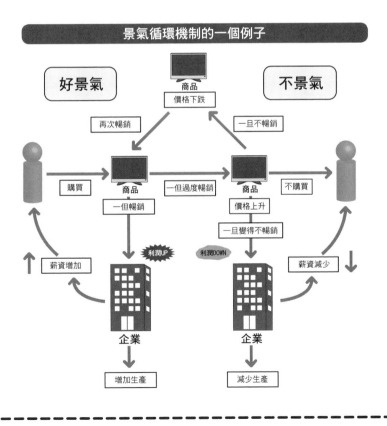

景氣循環機制的一個例子

3 從GDP看經濟成長

Key word GDP ／附加價值／名目 GDP ／實質 GDP

 用於顯現經濟成長的指標「GDP」（國內生產毛額），代表在一定期間內，國內的經濟活動所產生出來的財貨與勞務之附加價值總額。

透過GDP判斷經濟成長

報紙或新聞中，會到「經濟成長率為○％」的報導。所謂的經濟成長，以極簡單的方式來講，就是經濟活動變得更活潑，而用於表示經濟成長的指標就是「GDP（國內生產毛額）」它的意思是「在一定期間內，國內的經濟活動所產生的財貨‧勞務之附加價值（參見次頁）總額」。GDP如果增加，就能判斷為經濟有所成長。GDP是國民經濟統計的統計項目之一，由行政院主計處發表。

何謂「三面等價」原則？

一國的經濟活動規模，可以由「生產」「支出」「分配（所得）」三個面向來計算，理論上三者會相等。此一原理稱為「三面等價原則」。

在國內生產出來的財貨與勞務，有人會拿來利用到某種用途上，而出現與生產相同的支出額。這包括家庭的消費、企業的投資，以及政府的支出。而產生出來的附加價值，一定會被分配為某人的所得，像是工作者的薪資。也就是說，GDP有生產、支出、分配（所得）三面，三者可說處於相等的關係上。

所謂的「附加價值」就是新產生的東西

前面提到GDP是「產生出來的財貨‧勞務附加價值之總額」以下就要以簡單的例子說明「附加價值」。

例 農家生產「小麥」，製粉公司利用小麥製造「麵粉」，麵包店利用麵粉製造「麵包」

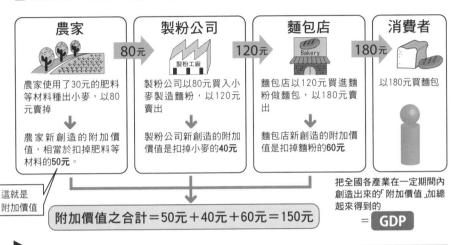

GDP分為「名目」與「實質」

GDP分為「名目GDP」與「實質GDP」。實質GDP是由名目GDP扣掉物價變動之影響所得。也就是說，在考量到物價變動下調整過的，就是實質GDP；沒有調整的，就是名目GDP。

即便GDP在名目上增加，如果物價也同時的話，實際上不能說經濟成長了。因此，一般多半會看的是「實質GDP成長率」。

> ### Point　GDP的界限
>
> 　　GDP成為一國經濟成長的指標，因此也可以視之為衡量「某一層面豐足度」的指標。因為經濟成長使得人民在物質面上有所充實。然而，在我們的社會生活中，還有一些不包括在經濟交易中的東西（志工活動、家庭勞動等），有各種GDP所無法掌控的部份。因此，要拿GDP來衡量「豐足度」，可以說有它的界限存在。

4 景氣與物價的密切關係

在景氣的擴大期，物價有上漲的傾向。
反之，在景氣的衰退期，物價有下跌的傾向。

物價的變動，與景氣有著密切關係。

關於商品的價值，已經在第二章探討過了。在此要以更宏觀的角度思考物品的價格，也就是「**物價**」。

物價的變動，受到物品（財貨與勞務）供需狀況很大的影響，但這與景氣有著密切關係。因為，景氣一好，消費者的所得增加，對物品的需求就會增加。想要多買一點的人，或是再貴也想要買的人一變多，物品的價格就會上漲。景氣一差，就會有相反的作用。也就是說，可以說在景氣擴大期，物品的需求會變大，因此物價有上漲的傾向；在景氣衰退期，物品的需求減少，物價有下跌的傾向。

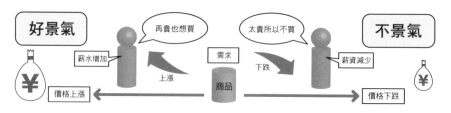

好景氣　再貴也想買　太貴所以不買　不景氣
薪水增加　需求　薪資減少
上漲　下跌
價格上漲　商品　價格下跌

Point 「需求」與「供給」

　　所謂的「需求」，就是對於財貨（物品）與服務的購買欲；「供給」則是提供這項目的經濟活動。簡單地說，需求一增加，會把物品的價格往上推高；反之，供給一增加，會把價格往下壓低。不過，要注意的是，物價的變動不會單純只因為這樣的關係就發生。

價格的設定，也會考量到景氣的動向或消費者的需求等重要因素再決定

不景氣時物價也上漲的「停滯性通膨」

　　一般來說，物價會在景氣擴大期上漲。不過，有時候在不景氣時，物價也會上漲，這種現象稱之為「停滯性通膨」。

　　停滯性通膨的形成有多項重要因素，其中一項就是「供給成本上漲」。農作物的欠收或原油價格的高漲等等，會導致物價上漲。

為什麼會發生通貨膨脹和通貨緊縮？

Key word 通貨膨脹 通貨緊縮

需求超過供給，或是薪資、原物料等項目的高漲，會導致通貨膨脹發生。另一方面，通貨緊縮則是需求低於供給發生的。

「需求拉動型通貨膨脹」與「成本推動型通貨膨脹」

物價持續上漲的現象，稱為「通貨膨脹（通膨）」；相對的，物價持續下跌的現象，稱為「通貨緊縮（通縮）」。為什麼會發生這樣的現象呢？

一般來說，景氣的擴大會使家庭的所得增加，財貨與勞務的需求增加，因此物價會上漲。也就是說，景氣好的時候，容易有通貨膨脹。這種需求很高所造成的通貨膨脹，稱為「需求拉動型通貨膨脹」。然而，通膨的因素不只如此而已。生產、供給端的成本上漲，有時候也會造成通貨膨脹。這稱之為「成本推動型通貨膨脹」。

通貨膨脹　→　景氣好　需求超過供給　→　需求拉動型通貨膨脹

　　　　　　→　成本上漲　薪資、原物料等高漲　→　成本推動型通貨膨脹

通貨膨脹中，物價極端高漲時，稱為「惡性通貨膨脹」。

需求低於供給時，會引發通貨緊縮

通貨緊縮之所以發生，主要原因在於需求低於供給。也就是說，消費者對於財貨與勞務的購買欲變低，業者所提供的物品過剩，因此業者會降價求售，致使價格（物價）漸漸下跌。

物品的價格漸漸下跌，乍看之下可以便宜買的商品，好像是好事。然而，經濟的整體需求減少，物價下跌的狀態一旦持續，將會變成導致經濟活動本身停滯的因素。

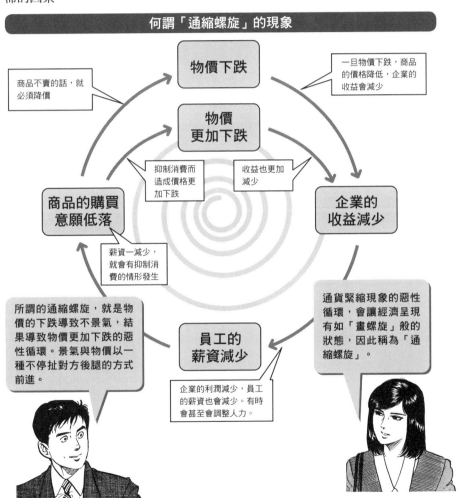

何謂「通縮螺旋」的現象

商品不賣的話，就必須降價

物價下跌

一旦物價下跌，商品的價格降低，企業的收益會減少

物價更加下跌

抑制消費而造成價格更加下跌

收益也更加減少

商品的購買意願低落

企業的收益減少

薪資一減少，就會有抑制消費的情形發生

所謂的通縮螺旋，就是物價的下跌導致不景氣，結果導致物價更加下跌的惡性循環。景氣與物價以一種不停扯對方後腿的方式前進。

員工的薪資減少

企業的利潤減少，員工的薪資也會減少。有時會甚至會調整人力。

通貨緊縮現象的惡性循環，會讓經濟呈現有如「畫螺旋」般的狀態，因此稱為「通縮螺旋」。

6 「利息」是什麼？

所謂的利息，就是借錢時要付的息錢；其比例稱為利率。利息就是借錢一定期間，那筆錢的使用費。

利息是息錢，利率是比例

要想了解金融與經濟的機制，有個重要的關鍵字存在，就是「利息和利率」。所謂的利息，是借錢時產生的息錢，利率則是其所占百分比。利息原本的意思是金錢的租借費用，可以想成是借錢一段時間的使用費。也可以看成是把金錢當成「商品」。

存在銀行的錢，會有利息。其比例以「百分之〇利息」表示。例如，假設存款一百萬，一年後會有一萬元的利息，此時的利率就是百分之一。

利率的機制

借錢

存款

存款一百萬元，一年後連本帶利變成一百零一萬元時

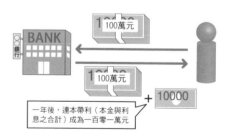

此時，利息是一萬元，利率是百分之一。利息除以本金＝利率，一萬元除以一百萬元＝0.01→也就是百分之一。

-- **column** ---

利息是怎麼計算的？

把錢存在銀行會有利息，但利息的算法並不是那麼難。由於在日常生活中很有用，因此是先學會也沒有壞處的知識。計算方式分為「單利」與「複利」兩種，以下簡單說明之。

單利　如果只針對本金（原本的那筆錢）計算利息的話，100元的年利息假設是2%，第一年的利息就是1,000,000元×0.02=20,000元。若為單利，每年的利息金額不變，第二年以後，利息也是兩萬元。

複利　針對本金加利息計算利息。若依照上例，
第一年的利息是1,000,000元×0.02=20,000元
第二年的利息是1,020,000元×0.02=20,400元

一年複利的話，用於表示本利合計（本金與利息的合計）的計算式，如下所示：

$$本利合計＝本金×（1＋年利率／100）^{年數}$$

例如，本金100元，年利率2%，存兩年的話
→1,000,000元×（1＋0.02）2＝1,040,400元[※]

[※]在日本，存款的利息會預扣20%的稅金，因此實際上不會拿到如同上面計算的利息金額。

此外，複利會因為利息每隔多久加到本金裡的期間之不同，而分為一年複利、半年複利、一個月複利等。

7 何謂「直接金融」、「間接金融」？

「直接金融」是指借款人直接向貸款人調度金錢的方法。「間接金融」則是貸款人與借款人之間由銀行等單位介入，間接調度金錢的方法。

金融就是金錢的借貸

　　所謂的「金融」，簡單就就是金錢的融通，也就是金錢的借貸。也可以粗略看成是「金錢的流向」。例如，我們把錢存在銀行，銀行又會把那筆錢放款給需要的企業或個人。銀行從借款人那裡收取利息，並支付利息給存款人。二者之間的差額，就是銀行的利潤。

　　金錢以這種方式流動，是企業調度資金的方法之一。由於有銀行的第三者居間促使金錢流向企業，因此稱為「**間接金融**」。另一方面，企業也可以發行股票（→P.81）或債券（次頁）調度資金，這是一種投資人的錢經由證券市場直接流向企業的機制，稱之為「**直接金融**」。

直接金融與間接金融

金錢從存在處流向需要處＝金融

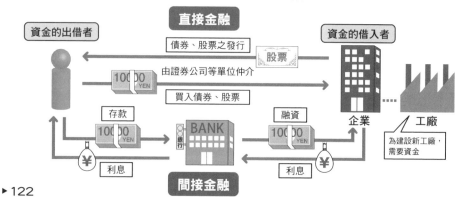

所謂的債券，是什麼樣的東西呢？

　　國家或企業要借入所需資金時，會發行「債券」。這就像是借錢時的借據般的東西，由發行者發行債券、投資人透過證券公司等單位購買。藉此，債券的發行者從債券的購買者那裡借到錢，購買者則把錢借給發行者，雙方會成立這樣的關係。

　　發行債券者若為政府，稱為「國債」；若為企業，稱為「公司債」。債券有到期日，只要保有至到期日，就能收取票面金額。此外，債券的所有人也可以把債券賣給其他人。也就是說，在到期日之前是能夠換現的。

過去多以間接金融為主，但近年來漸漸轉變為直接金融

Point　直接金融由出借人負風險

　　直接金融不同於有銀行等仲介單位存在的間接金融，借款者不償還債務的風險，直接由出借人（個人或企業）來負。例如，借款的公司破產之類的情形，會讓出借人蒙受損失。

　　近年來，自己投資股票等金融產品的人漸漸變多了，可以說已經進入了一個自行收集資訊、自行下判斷、自己負投資責任的時代了。

8 景氣對利率的影響是什麼？

Key word 利率／景氣

一般來說，景氣與利率的關係可以說是「景氣一變好，利率就上升；景氣一衰退，利率就下跌」。這種變化的機制何在？

利率會因為資金的供需關係而變動

「利率」會因為資金的供需關係而變動。也就是說，資金需求高的話，利率就上升；資金需求減少的話，利率就下跌。資金的需求會受多種因素影響，以下針對它與「景氣」的關係探討看看。

景氣與利率，一般會呈現如下一頁的圖那樣的關係。景氣變好、消費活動活絡後，企業會需要用於設備投資等等的資金，對資金的需求會變高，所以利率會上升。

另一方面，景氣一旦衰退，物品滯銷，企業也會抑制設備投資，對資金的需求就減少。也就是說，利率會下跌。

由於業績成長，我正在考慮公司要不要在上海設立新工廠。你能不能負責幫我看看？

是！

景氣的好壞與利率的關係

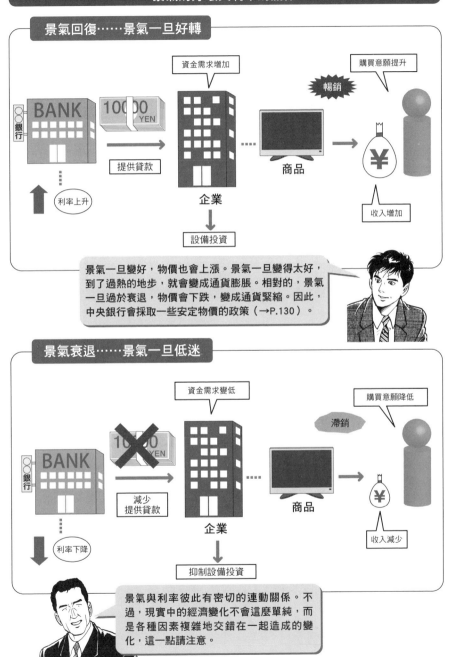

景氣回復⋯⋯景氣一旦好轉

資金需求增加

購買意願提升

暢銷

BANK
銀行

10000 YEN

提供貸款

利率上升

企業

商品

¥

設備投資

收入增加

景氣一旦變好，物價也會上漲。景氣一旦變得太好，到了過熱的地步，就會變成通貨膨脹。相對的，景氣一旦過於衰退，物價會下跌，變成通貨緊縮。因此，中央銀行會採取一些安定物價的政策（→P.130）。

景氣衰退⋯⋯景氣一旦低迷

資金需求變低

購買意願降低

滯銷

BANK
銀行

10000 YEN

減少
提供貸款

利率下降

企業

商品

¥

抑制設備投資

收入減少

景氣與利率彼此有密切的連動關係。不過，現實中的經濟變化不會這麼單純，而是各種因素複雜地交錯在一起造成的變化，這一點請注意。

9 「貨幣供給」是指通貨的供給量

Key word 貨幣供給

所謂的貨幣供給，就是市面上流通的通貨數量。
貨幣供給與景氣、物價有密切的關係。

貨幣供給與景氣·物價的關係

所謂的「貨幣供給」，就是市面上流通的通貨數量。更正確的說法是，金融部門向整體經濟供給的總通貨量。具體而言，是指一般法人、個人、地方公共團體等所保有的貨幣數量餘額。也就是說，由金融機構、中央政府以外的主體所持有的通貨量。貨幣供給其實與景氣、物價有密切的關係。

景氣好時，企業會增加設備投資，向銀行借錢。於是，錢會從銀行流入市面，貨幣供給會增加。此時，如果錢的數量加太多，物價就會有上漲的傾向，有時候會引發通貨膨脹；反之，如果景氣差，錢的流通會變差（貨幣狀況減少），物價會有下跌的傾向。因此，為安定經濟狀態，就必須調整貨幣供給量。

中央銀行說，景氣變好了，貨幣供給增加了，但消費者的購買意願是否增加了呢？

從統計貨幣供給變為統計貨幣存量

日本中央銀行針對貨幣保有主體、各指標性貨幣發行主體以及金融商品的範圍重新進行檢討，同時也將「貨幣供給統計」更名為「貨幣存量統計」，自二〇〇八年六月公告後開始實施。

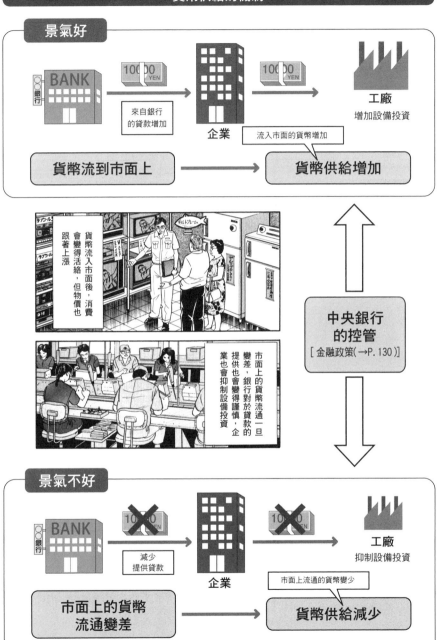

貨幣供給的機制

景氣好

10000 YEN

來自銀行
的貸款增加

企業

10000 YEN

工廠
增加設備投資

流入市面的貨幣增加

貨幣流到市面上　　➡　　貨幣供給增加

貨幣流入市面後，消費會變得活絡，但物價也跟著上漲

中央銀行
的控管
[金融政策(→P.130)]

市面上的貨幣流通一旦變差，銀行對於貸款的提供也會變得謹慎，企業也會抑制設備投資

景氣不好

減少
提供貸款

企業

工廠
抑制設備投資

市面上流通的貨幣變少

市面上的貨幣
流通變差　　➡　　貨幣供給減少

貨幣存量（貨幣供給）的「貨幣」，範圍不只是現金而已

一講到貨幣存量（貨幣供給）裡的通貨（貨幣），很容易以為是現金通貨，但其實通貨不只是現金，也包括金融商品在內。至於包括什麼樣的金融商品，固然會因為國家與時代而有不同，但若以目前的日本來說，會視（貨幣存量統計）對象的不同通貨範圍，製作與發表「M1」「M2」「M3」、「廣義流動性」四項指標。

貨幣量統計的指標

	對象金融機構	內容
M1	所有存款機構 M2對象金融機構、郵儲銀行、其他金融機構（全國信用合作社聯合社、勞動金庫、信用農業合作社聯合社、農業協同組合、信用漁業合作社聯合社、漁業合作社）	由最容易當成結帳手段的現金貨幣與存款貨幣構成。 現金貨幣＋存款貨幣 現金貨幣：貨幣發行餘額＋貨幣流通餘額 存款貨幣：活期存款（活期、普通、儲蓄、通知、特別、納稅準備）－列為調查對象的金融機構保有的支票、票據
M2	日本銀行、國內銀行（除郵貯銀行外）、外國銀行在日分行、信金中央金庫、信用金庫、農林中央金庫、商工組合中央金庫	金融商品的範圍同M3，存款有特定的放款對象。 現金貨幣＋國內銀行等所存放之存款
M3	同M1	M1加上準貨幣或CD（可轉讓定期存單）※的指標。準貨幣大部份都具有準於定期存款、存款貨幣的性質，因此稱為準貨幣。 M1＋準貨幣＋CD（可轉讓定期存單） 準貨幣：定期存款＋遞延儲蓄＋定期存款＋外匯存款
廣義流動性	列為M3對象的金融機構、國內銀行信託帳戶、中央政府、保險公司等、外債發行機構	M3再加上據信具流動性的金融商品所成的指標。 M3＋金錢信託＋投資信託＋金融債＋銀行發行的普通公司債＋金融機構發行的商業本票＋政府公債、短期證券＋外債

※可轉帳給他人的存款　　　　　　　　　　根據日本銀行網頁所作成

column

中央銀行是什麼樣的銀行？

中央銀行是相當於金融核心的機構。其角色大致可分為以下三項：

●**發行貨幣**……也就是鈔票的發行
●**它是銀行的銀行**……接受金融機構存款、向金融機構放款
●**它是政府的銀行**……管理政府的金錢（國庫錢的出納等）

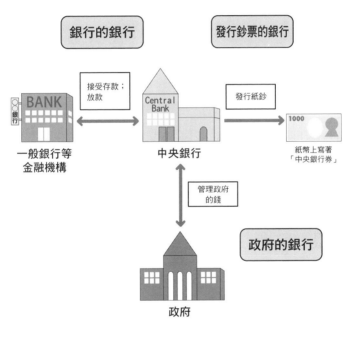

中央銀行的目的，如下所示：
・發行紙鈔
・藉由穩定物價，協助國民經濟的健全發展
・確保付款系統的運行能夠順暢穩定，藉以協助金融系統的穩定。

10 穩定物價的「金融政策」

🔑 Key word 日本銀行／金融政策／公開市場操作／買進操作／賣出操作

日本銀行為穩定物價，會控管貨幣供給。金融政策是以物價的穩定以及經濟成長的實現為目的。

以金融政策穩定物價

經濟狀態經常在變動。貨幣供給的增加、減少，會使物價上漲或下跌，引發通貨膨脹與通貨緊縮等問題。對國民生活來說，物價的穩定很重要，對於經濟的持續發展而言也不可或缺。因此，為穩定物價狀態，「中央銀行」（→p.129）會控制貨幣供給，稱之為「金融政策」。

在景氣不佳、物價漸漸下跌的狀況中，會透過金融政策增加流入市面上的金錢流量，對景氣帶來好的影響，這稱之為「寬鬆的貨幣政策」。相對的，在物價漸漸上漲的狀況中，會減少流入市面上的金錢流量，希望藉此抑制物價、冷卻景氣，稱之為「緊縮的貨幣政策」。中央銀行就是藉由這樣的金融政策來穩定物價。

金融政策的做法

公開市場操作	中央銀行與在民間金融機構間進行公債的買賣等各種交易、控管貨幣供給的方法。 想增加貨幣供給時……買進金融機構所持有的公債等＝買進操作 想減少貨幣供給時……賣出日本銀行所持有的公債等＝賣出操作
基準貼放利率（重貼現率）	中央銀行直接貸款給金融機構時的利率。過去稱為「重貼現率」，由於存款利率與重貼現率連動，可藉由改變重貼現率調整市面利率。但現在已無直接連動性，也改稱為「基準貼放利率」。
存款準備率操作	對於金融機構，要求把所收到的存款等之一定比例（準備率）以上的金額存放到中央銀行，並且明訂為義務的做法，稱為存款準備制度。可藉由操作準備率來調節資金流量。

公開市場操作的機制

買進操作

中央銀行藉由從民間金融機構等來源「買進」公債等等，
讓錢流到市面上

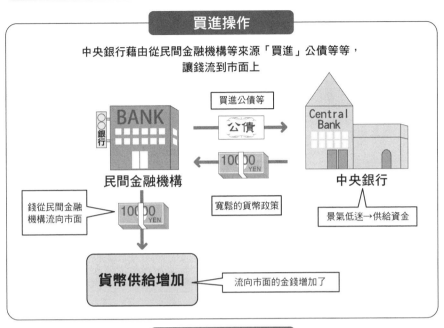

買進公債等

公債　　　BANK → Central Bank

民間金融機構　　　　　　　　　　中央銀行

錢從民間金融
機構流向市面

寬鬆的貨幣政策

景氣低迷→供給資金

貨幣供給增加　　　流向市面的金錢增加了

賣出操作

中央銀行藉由把持有的公債等等「賣出」給民間金融機構，
減少市面上流通的金錢流量。

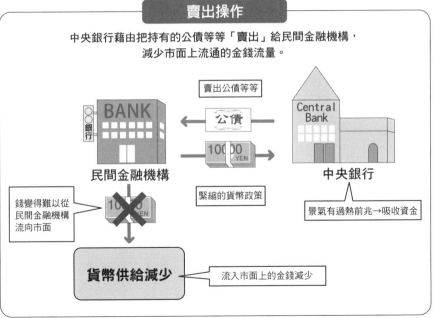

賣出公債等等

公債

民間金融機構　　　　　　　　　　中央銀行

錢變得難以從
民間金融機構
流向市面

緊縮的貨幣政策

景氣有過熱前兆→吸收資金

貨幣供給減少　　　流入市面上的金錢減少

11 究竟什麼是升值、貶值？

Key word 升值／貶值／外匯／匯率

「升值」是指本國貨幣和外國貨幣相比，價值比較高，相反的「貶值」就是貨幣價值相對較低。

升值·貶值

「升值」、「貶值」這些字眼，應該常在新聞中聽到吧。簡單地說，所謂的「升值」，就是和外國貨幣相比，貨幣的價值變高了。反之，「貶值」就是貨幣的價值變低了。接著，請各位回答下面的問題。

問　1美元＝110日圓如果變成1美元＝100日圓的話，是日幣升值還是貶值呢？

如果以為從110日圓變成100，數字變小了，因此是日幣貶值，那就搞錯了。價值變低的是美元，因此，此時是日圓升值。1美元＝110日圓的意思是，需要110美元才能交換1美元；如果變成1美元＝100日圓，就變成只要100日圓就能交換1美元了。能夠以比較少的金額交換到美元，就是日圓價值上升了。也就是說，日幣升值。

去旅行的話，升值還是貶值好？

例如，假設要去美國旅行。要在美國買東西需要美元，因此必須拿台幣去交換（拿台幣買入美元）。

在1美元＝台幣31時，1萬台幣可以買到322美元，但在1美元＝33元時，就只能買到303美元了（31元時，台幣的價值較高）。也就是說，要到海外旅行時，升值比較有利。

升值、貶值的機制

1美元＝台幣33元→1美元＝台幣31元時

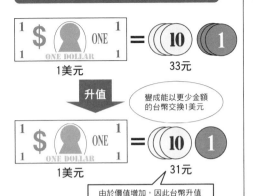

1美元　＝　33元

升值

變成能以更少金額的台幣交換1美元

1美元　＝　31元

由於價值增加，因此台幣升值

1美元＝台幣31元→1美元＝台幣33元時

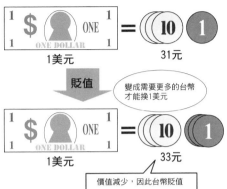

1美元　＝　31元

貶值

變成需要更多的台幣才能換1美元

1美元　＝　33元

價值減少，因此台幣貶值

何謂國際匯兌、匯率？

　　交換（交易‧買賣）不同的貨幣，一般稱為國際匯兌。單純稱匯兌時，指的也多半就是國際匯兌。與外國交易時，各國的貨幣單位不同，會成為問題。

　　因此，在交換貨幣時，必須決定雙方的交換比例，像是「1美元＝台幣33元」。此一交換比例，就叫做匯率。

浮動匯率制

　　所謂的浮動匯率制，就是任由匯率依照外匯市場中外幣的供需關係，自由變動的制度。由於我們目前採用變動匯率制，匯率會依照市場原理變動。

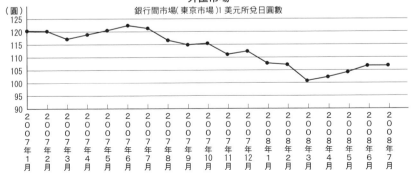

外匯市場

銀行間市場（東京市場）1 美元所兌日圓數

中心匯率‧月平均　　　　　　　　　　　　　　※資料來源：日本銀行首頁

12 升值與貶值帶來的影響是？

Key word 匯兌損失／匯兌利益

升值對進口業者有利，對出口業者不利；貶值則相反。不過，現在的全球性企業都訂定了因應這兩種狀況的對策。

升值與貶值的好處與壞處

升值與貶值，對經濟會造成什麼樣的影響呢？如果從結論來說，有好處也有壞處。以下就從日圓與美元的交換比例（匯率）來思考。

例如，假設與美國間的進出口活動，從1美元＝110圓變成了1美元＝100圓，也就是日幣升值了。此時，對於從美國進口材料或產品的業者而言，之前購買100美元的東西需要1萬零1千圓，現在變成只要1萬圓，因此變得有利。反之，對出口商品到美國的業者而言，就有不利的作用了。這是因為，一旦日幣升值，進口品實質上會變得比較便宜，出口品會變得比較貴。那麼，如果從1美元＝110圓變成1美元＝100圓、日幣貶值的話呢？這次反過來了，對出口業者有利，對進口業者不利（參見第一三六、一三七頁就能清楚了解這樣的關係）。匯率的變化就是這樣對企業造成影響。

台幣升值‧貶值與進出口的關係

台幣升值		台幣貶值	
進口業者	出口業者	進口業者	出口業者
○有利	✕不利	✕不利	○有利

貨幣升值、貶值會對進出口造成影響

造成匯率行情變動的重要因素

　　有各種原因會造成匯率行情變動，像是國際收支的經常帳※、景氣、利率、物價，以及其他重要因素，都會讓匯率變動。例如，以利率來說，如果美國的利率上升，大家會覺得錢在美國投資比較有利，因此美元的需求會增加。這樣的話，匯率就會朝台幣貶值的方向變動。

　　此外，因為匯率的變動，會產生損失或利益；產生損失時稱為「**匯兌損失**」、產生利益時稱為「**匯兌利益**」。

※與各外國間進行的財貨與勞務的進出口等之收支。

日幣升值‧日幣貶值造成的影響

以與美國的進出口為例來思考：

進口1,500,000日圓的商品時

1美元＝100日圓時
可以用1,500,000日圓
進口15,000美元的商品

進

| 1,500,000日圓÷100＝**15,000美元** |

[1美元＝100日圓]

口

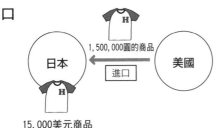

1,500,000圓的商品

日本 ← 美國

| 進口 |

15,000美元商品

日幣升值

1美元＝80日圓…日幣升值時
1,500,000日圓可進口
18,750美元的商品 ← **有利**

| 1,500,000日圓÷80＝**18,750美元** |

由於可進口更多商品，進口品實質上變便宜了呢。

出口1,500,000日圓的商品時

1美元＝100日圓時
在美國以15,000美元銷售

| 1,500,000日圓÷100＝**15,000美元** |

[1美元＝100日圓]

出

口

1,500,000日圓
的商品

日本 → 美國

| 出口 |

以15,000美元銷售

日幣升值

1美元＝80日圓…日幣升值時
在美國
以18,750美元銷售 ← **不利**

| 1,500,000日圓÷80＝**18,750美元** |

由於以15,000美元賣的話會虧錢，會變成必須提高售價。售價一旦提高，搞不好銷售狀況就變差了呢。

日幣貶值

1美元＝120日圓…日幣貶值時
1,500,000日圓可進口
12,500美元的商品　←**不利**

$$1,500,000日圓÷120＝12,500美元$$

可進口的商品金額變少了，進口品實質上變貴了。

與進出口關係密切的企業，會受到很大的影響

匯率經常在變動。若只是自己到海外旅行的話，或許影響還沒那麼大，但與進出口關係密切的企業，就不是這樣了，會受到很大的影響。即便匯率只變動一點點，有時也會造成很大的損失。

由於可能會有損失，企業不能置之不理。在從事進出口業務的企業等單位裡，多半會簽定「遠期外匯契約」，為這樣的風險做準備。所謂的遠期外匯契約，就是現在就預先決定未來特定日期的匯率。預先這麼做的話，如果在交換前匯率出現大變動，就能夠以原本決定好的匯率交換。

企業會透過像這樣的方法，把風險控制到最低。

日幣貶值

1美元＝120日圓…日幣貶值時
在美國
以12,500美元銷售　←**有利**

$$1,500,000日圓÷120＝12,500美元$$

降價銷售是可能的。如果以15,000美元銷售，可賺到二者間的差額。

練習問題 3

Exercise8

若以一年複利、3%的利率存入100萬元,兩年後本利合計會變成多少(不考慮稅金等因素)?

解答

1,060,900元

〈解說〉

$$1,000,000 \text{元} \times (1+0.03)^2 = 1,060,900 \text{元}$$

假設要把製造成本等為132萬日圓的機器，在無利潤下出口到美國。匯率是1美元＝110日圓，以美元買賣，銷售了一台該機器；其後，如果匯率行情以如下的方式變動，匯兌損益會變成多少？此外，先不考慮除此之外的其他條件。

①1美元＝100日圓時
②1美元＝120日圓時

解答

　①120,000日圓的匯兌損失　　②120,000日圓的匯兌利益
〈解說〉

　　　　機器1台（132萬日圓），以1美元＝110日圓銷售時，
　　　1,320,000日圓／110日圓＝12,000美元。也就是說，如果可以在收
　　　取12,000美元後以相同的匯率（1美元兌110日圓）由美元換為日
　　　圓，那就是12,000美元×110日圓＝1,320,000日圓

　　　　①1美元＝100日圓時（日幣升值）
　　　　從美元換回日幣，12,000美元×100日圓＝1,200,000日圓。也就
　　　是說，會有120,000日圓
　　　（1,200,000日圓－1,320,000日圓＝▲120,000日圓）。
　　　　②1美元＝120日圓時（日幣貶值）
　　　　從美元換回日幣，12,000美元×120日圓＝1,440,000日圓。也就
　　　是說，會有120,000日圓
　　　（1,440,000日圓－1,320,000日圓＝120,000日圓）的匯兌利益。

第 5 章

這些要先掌握！
經營分析的數字

經營分析是要分析與評鑑企業。藉此，可以從各種角度了解企業。利用在第三章中談到的「財務報表」，學會基本的經營分析吧！經營分析的知識應該會在很多情境中派上用場。

初芝電器産業株式会社
株主総会

平成十四年二月二十八日午前十時より

初芝電器産業股份有限公司 股東大會
二〇〇六年二月二十八日上午十時起

1 從經營分析可以了解公司

 Key word 經營分析

> 所謂的經營分析，就是分析與評鑑企業的狀態如何。即便無法分析到像專家那樣，這樣的知識還是大有幫助。

為什麼要做經營分析

至今我們看了許多與企業有關的數字，最後匯整起來就是「經營分析」。簡單地說，經營分析就是要認識企業。可以說是要分析與評鑑企業目前的狀況變得如何。而這種經營分析的方式會在各種場面中派上用場（參見次頁的Point）。

經營分析的指標有很多，至今我們看過的「毛利率」、「商品迴轉率」、「勞動分配率」、「損益兩平點」等，也是用在經營分析上的指標。在此要以除此之外的重要基本指標做為介紹的重點。

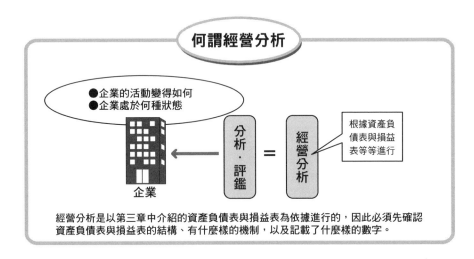

何謂經營分析

- ●企業的活動變得如何
- ●企業處於何種狀態

企業 ← 分析・評鑑 = 經營分析 ← 根據資產負債表與損益表等等進行

經營分析是以第三章中介紹的資產負債表與損益表為依據進行的，因此必須先確認資產負債表與損益表的結構、有什麼樣的機制，以及記載了什麼樣的數字。

經營分析經常用在調查往來對象之上

差不多要請你調查一下往來對象了，麻煩你進行經營分析。

島君

是

經營分析對股票投資也有幫助

Point

經營分析在各種情境中很有幫助

經營分析經常用在調查企業的往來對象上，但除此之外也有其他用途。例如，要投資股票時，必須先得知投資標的那家公司的狀況。因此，經營分析會很有用。此外，如果先學會經營分析，也會變成能夠更深入理解新聞等媒體中所報導的關於企業的事。

在從事股票投資等活動時，分析投資標的那家公司的經營狀況是很重要的。

2

顯示企業的
獲利能力

Key word 毛利率／營業利益率／經常利益率

要注意的是了解企業「獲利能力」及其體質的
「毛利率」、「營業利益率」等利益率。

觀察企業的賺錢能力

先前已再三提及，企業是產生「利潤」的地方。我們先來看看企業是否有產生「利潤」的能力，也就是「獲利能力」。

相對於營收，產生了多少的利潤？觀察此事的指標之一是「營收利潤率」，也就是相對於營收，利潤所占的比例。視設為對象的利潤之不同，又分為「**毛利率**」、「**營業利益率**」等等。這些比率愈高，可以說就是一家愈能夠賺取利潤、獲利能力愈高的公司。

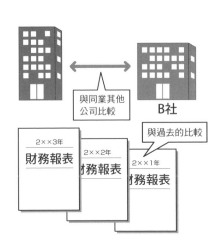

經營分析中，「比較」是基本作法。

Point

經營分析的重點

毛利率、營業利益率等經營分析指標，在不同業種中，數字的傾向也會不同。製造業或零售業會有不同，即便同為零售業，超市與銷售高級品的商品，也會不同。因此比較時，要與同業其他公司的數字相比。

此外，也必須比較同一家公司過去幾年間的數字。可藉由數字的變化掌握經營活動的傾向，也能夠確認是否有異常的變化。

了解企業「獲利能力」的指標

看了這些獲利率，可以得知企業的體質與利潤的結構

$$毛利率(\%) = \frac{毛\ 利}{營業額} \times 100$$

至今多次登場指標，數字會因為產業的不同而有不同傾向

$$營業利益率(\%) = \frac{營業利益}{營業額} \times 100$$

來自於本業營業活動所得，可了解本業的營業活動狀況

$$經常利益率(\%) = \frac{經常利益}{營業額} \times 100$$

顯示經常性活動的狀況，是顯示企業獲利能力的重要指標

$$純益率(\%) = \frac{當期純益}{營業額} \times 100$$

企業活動最終利潤所占比例

■計算實例

根據以下的損益表資料，計算毛利率、營業利益率、經常利益率的話，會變成像下面這樣

損益表（P／L）

科目	金額
營業額	2,000
毛利	400
營業利益	100
經常利益	80

毛利率（％）

$$\frac{400}{2,000} \times 100 = 20\%$$

營業利益率（％）

$$\frac{100}{2,000} \times 100 = 5\%$$

經常利益率（％）

$$\frac{80}{2,000} \times 100 = 4\%$$

3

獲利性② 是否有效率的使用資本？

透過「總資本利潤率」、「總資本週轉率」等數字，可以看看自己手邊的資本是否獲得了有效的運用。

以較少資本賺取更多錢

　　顯示企業獲利性的指標之一是「**總資本利潤率**」[※]。相對於公司所花費的資本，看看它產生了多少的利潤。

　　所謂的總資本，是他人資本與自有資本的合計（→P.80，負債＝他人資本、淨資產＝自有資本）。總資本利潤率高，代表以較少的資本賺到較多的利潤。也就是說，這是一家手邊的資本雖少、利潤卻很高的公司。換句話說，總資本利潤率也是用來觀察資本的運用是否有效率的指標。此外，總資本與經常利益的比例，稱為「總資本經常利益率」。

※ 有時也稱總資產利潤率

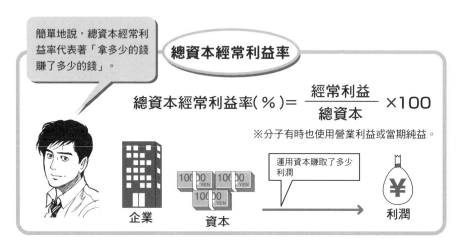

簡單地說，總資本經常利益率代表著「拿多少的錢賺了多少的錢」。

總資本經常利益率

$$總資本經常利益率(\%) = \frac{經常利益}{總資本} \times 100$$

※分子有時也使用營業利益或當期純益。

企業　　資本　　運用資本賺取了多少利潤　→　利潤

總資本經常利益率的計算

■計算實例

根據以下的損益表與資產負債資料，計算總資本經常利益率。

損益表（P／L）

科目	金額
營業額	2,000
毛利	400
營業利益	100
經常利益	80

資產負債表（B／S）

資產 2,000	負債 1,200
	淨資產 800

總資本 2,000

$$總資本經常利益率(\%) = \frac{80}{2,000} \times 100 = 4\%$$

S公司的總資本經常利益率很高，為什麼會有這麼高的獲利率呢？

何謂股東權益報酬率

相對於自有資本，利潤所占的比例，稱為股東權益報酬率，也叫做ROE（Return On Equity）。可以用以下的算公式計算：

股東權益報酬率(%)＝當期純益／自有資本x100

這個指標可以看出，企業運用自有資本獲得了多少的利潤。

　　再多針對「總資本經常利益率」多思考一下。總資本經常利益率的算式中，如果加入營業額將式子展開，會變成像下面這樣。

$$總資本經常利益率（\%）＝\frac{經常利益}{營業額}\times\frac{營業額}{總資本}\times100$$

將分母與分子都乘上營業額

　　由於分子與分母的營業額可以約分，因此與剛才總資本經常利益率的算式相等。這個算式要注意之處在於，「經常利益／營業額」，就是在145頁看過的「經常利益率」。而「營業額／總資本」就是「**總資本週轉率**」。

　　這個總資本週轉率，也是觀察獲利性的指標之一。用愈少的資本獲得愈多營業額，總資本週轉率就會愈高。因此，它是觀察資本的運用是否有效率的指標。

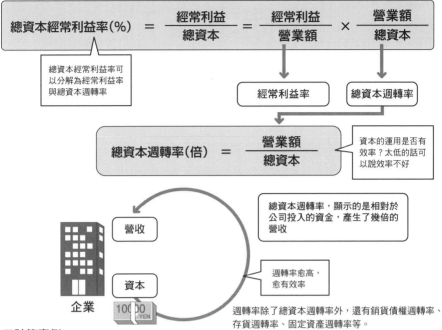

總資本經常利益率・經常利益率・總資本週轉率的關係

$$總資本經常利益率(\%) = \frac{經常利益}{總資本} = \frac{經常利益}{營業額} \times \frac{營業額}{總資本}$$

經常利益率　總資本週轉率

總資本經常利益率可以分解為經常利益率與總資本週轉率

$$總資本週轉率(倍) = \frac{營業額}{總資本}$$

資本的運用是否有效率？太低的話可以說效率不好

營收

資本

企業　10000 YEN

總資本週轉率，顯示的是相對於公司投入的資金，產生了幾倍的營收

週轉率愈高，愈有效率

週轉率除了總資本週轉率外，還有銷貨債權週轉率、存貨週轉率、固定資產週轉率等。

■計算實例

根據以下損益表與資產負債表資料，計算總資本週轉率。

損益表（P／L）

科目	金額
營業額	2,000
毛利	400
營業利益	100
經常利益	80

資產負債表（B／S）

資產 2,000	負債 1,200
	淨資產 800

總資本 2,000

$$總資本週轉率（倍）\cdots \frac{2,000}{2,000} = 1$$

4 安全性① 企業的「償債能力」沒問題嗎？

Key word 流動比率／速動比率

> 企業是否具有償債能力，是很重要的問題。償債能力可以用流動比率與速動比率來觀察。

了解企業的償債能力很重要

　　每天都會出現因為無力償債而破產的企業。企業是否有償債能力是很重要的問題，會不會破產，償債能力會是關鍵。

　　企業是否有償債能力，可以從「資產負債表」來判斷（→參見p.76）。至於其具體的指標，可以從「**流動比率**」與「**速動比率**」來看短期的償債能力。流動比率是把流動資產與流動負債拿來比較，可以看出短期的償債能力。速動比率是比較速動資產（→次頁）與流動負債所得。

嗯？

島啊！

嗯，我記得速動比率也很高。

S公司很有錢耶！

流動比率

這看的是相對於非得馬上償還不可的流動負債，有多少流動資產可以馬上換成現金。
流動比率愈高，短期償債能力愈高。

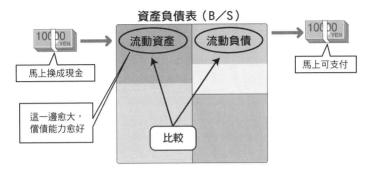

資產負債表（B／S）

馬上換成現金

這一邊愈大，償債能力愈好

比較

流動資產

流動負債

馬上可支付

$$流動比率(\%) = \frac{流動資產}{流動負債} \times 100$$

速動比率

可以更確切衡量安全性的指標（即便流動比率很高，有時候流動資產中有很大比例
是庫存資產，也就是現金存款很少）。速動比率是以速動資產除以流動負債的比
值，愈高則短期償債能力愈好。

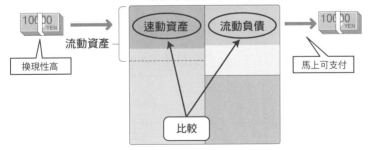

資產負債表（B／S）

流動資產

換現性高

速動資產

流動負債

馬上可支付

比較

$$速動比率(\%) = \frac{速動資產}{流動負債} \times 100$$

所謂的速動資產就是現金存款、應收帳款等換現性高的資產之總稱，
不包括商品等存貨資產。

流動比率與速動比率的計算

■計算實例

根據以下資產負債表的資料，計算流動比率與速動比率。

資產負債表（B／S）

| | 速動資產 200 | 流動負債 250 |
| 流動資產 300 | | |

$$\text{流動比率}(\%)\cdots \frac{300}{250} \times 100 = 120\%$$

$$\text{速動比率}(\%)\cdots \frac{200}{250} \times 100 = 80\%$$

流動比率愈高，可以說短期償債能力愈好。不過，流動資產中若有過多滯銷商品，就要注意了。

速動比率超過百分之百的公司，其速動現金即便清償掉所有負債也還有剩餘，可以說資金週轉狀況良好。

把「流動比率」的標準拉得更高，就是「速動比率」。

一般來說，流動比率在110%～120%以上算是可以，200%以上是最好的。
「速動比率」應該要有80%～100%，100%以上是理想。

column

何謂合併會計？

　　所謂的合併會計，就是以包括子公司等在內的集團為單位，報告經營成績與財務狀況。母公司與子公司原本固然是不同的公司，但子公司有時候卻是母公司的銷售公司或開發公司，扮演重要角色，在這種狀況下，應該把子公司看成是母公司的一個部門。

　　因此，在存有子公司等單位時，就把母公司與子公司加在一起，製作「合併資產負債表」、「合併損益表」。這樣，就能正確掌握企業整體的業績等等。

　　此外，上市公司等，依照行政院金融監督管理委員會的「金管銀法」，有製作「合併各財務報表」之義務。

安全性② **觀察企業的 長期償債能力**

Key word 固定比率／固定長期適合率

企業的長期償債能力，可以從「固定比率」「固定長期適合率」來觀察。這些指標可以看出企業的設備投資是否有超出能力之處。

「固定比率」是檢視長期安全性的指標

有一項衡量企業「安全性」的指標叫「固定比率」，可以用來看長期的償債能力。

固定比率是用來顯示固定資產與自有資本（股東權益）間的關係，可以得知固定資產有多少比例是由自有資本支應。固定資產在購時需要龐大資金，這筆資金要在長期才能回收。因此，這筆資金原則上最好是由即便沒回收也無妨的自有資本來支應比較好。

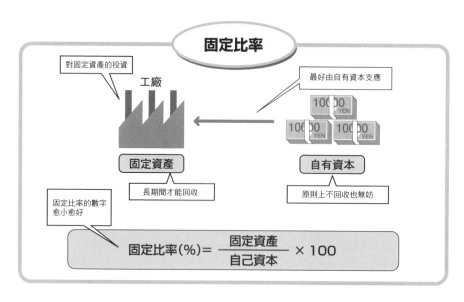

固定比率

對固定資產的投資

工廠

最好由自有資本支應

固定資產　　長期間才能回收

自有資本　　原則上不回收也無妨

固定比率的數字愈小愈好

$$固定比率(\%)= \frac{固定資產}{自己資本} \times 100$$

也要檢視固定長期適合率

要觀察企業的長期償債能力，還有另一個指標「固定長期適合率」。要光靠自有資本購買固定資產很困難，實際上也會使用長期負債等償還期間長的資金投資固定資產。

因此，在分母中再加入固定負債來計算，算出來的就是固定長期適合率了。與固定比率相同，固定長期適合率也是數字愈小愈好（100%以下）。因為，這樣就是以安定的資金投資，取得固定資產了。

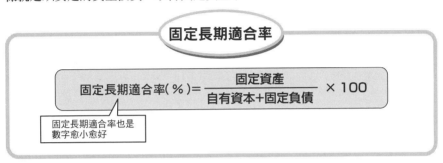

固定長期適合率

$$固定長期適合率(\%) = \frac{固定資產}{自有資本+固定負債} \times 100$$

固定長期適合率也是數字愈小愈好

■計算實例

根據以下資產負債表的資料，計算固定比率與固定長期適合率。

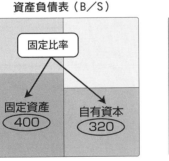

資產負債表（B／S）

固定比率

固定資產 400　自有資本 320

資產負債表（B／S）

固定長期適合率

固定負債 180

固定資產 400　自有資本 320

$$固定比率(\%) \cdots \frac{400}{320} \times 100 = 125\%$$

$$固定長期適合率(\%) \cdots \frac{400}{320+180} \times 100 = 80\%$$

6 安全性③ 公司的自有資本是否充足？

Key word 自有資本比率

自有資本是在企業的資金中，沒有必要歸還的部分。自有資本比率愈高，企業的安全性可以說愈高。

以「自有資本比率」看透企業安全性

他人資本是向他人借來的資金，總有一天遲早要還的；相對的，自有資本是在企業的資金中沒有必要償還的部分，對企業來說是安定且方便的資金。

在總資本（他人資本＋自有資本）中，自有本的比例愈高，公司經營的安全度可說就愈高。這種自有資本占總資本的比例，稱為「**自有資本比率**」，是企業安全性（健全性）的指標。

自有資本比率之高，是「安全性」高的證明

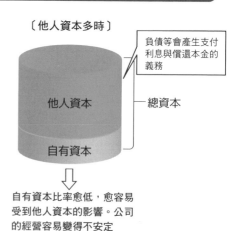

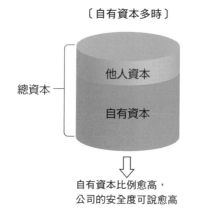

〔自有資本多時〕

總資本 ⟨ 他人資本 / 自有資本 ⟩

自有資本比例愈高，
公司的安全度可說愈高

〔他人資本多時〕

他人資本 / 自有資本 — 總資本

負債等會產生支付利息與償還本金的義務

自有資本比率愈低，愈容易受到他人資本的影響。公司的經營容易變得不安定

自有資本比率

$$自有資本比率(\%)= \frac{自有資本}{總資本} \times 100$$

■計算實例

根據下面的資產負債表資料，計算自有資本比率。

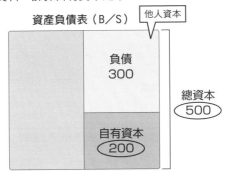

資產負債表（B／S）

他人資本

負債
300

總資本
500

自有資本
200

$$自有資本比率(\%)\cdots \frac{200}{500} \times 100 = 40\%$$

為求公司的安定化，我希望能設法提高自有資本的比率，有沒有什麼可以不用靠貸款好方法？

自有資本比率愈高，對於算是他人資本的借款之依存度可以說就變低了。

要從哪裡看經營分析的指標？

到這裡為止，我們看了幾個經營分析的指標，最後要整理一下怎麼去看這些指標。

各種比率，基本上都是要拿來比較的。其中一種是與同公司過去數年間的數字相比較。試著檢討一下分析比率有沒有朝理想的方向變動。而另一個是與同業的其他公司相比較。試著與同業相比較，思考標的公司的特質或問題點。此外，也可以和平均值相比較。以下摘選日本中小企業廳的2008年版中小企業白皮書的附屬統計資料，給各位做為平均值的參考。試著參考看看吧！

■中小企業廳　2008年版中小企業白皮書　附屬統計資料之摘選

項　目	業種＼規模	中小企業	大企業
經常利益率	製造業	2.2%	4.7%
	批發零售業	0.6%	1.8%
毛利率	製造業	2.7%	4.5%
	批發零售業	0.8%	3.3%
總資本週轉率	製造業	1.2	1.0
	批發零售業	1.8	1.9
速動比率	製造業	95.7%	86.2%
	批發零售業	88.9%	74.5%
固定長期適合率	製造業	71.7%	78.3%
	批發零售業	66.7%	83.6%
自有資本比率	製造業	28.9%	45.7%
	批發零售業	18.3%	29.5%

可以看出因業種與規模的不同，數字也不相同

2006年度　法人企業的主要財務‧損益狀況與財務指標（中央值）

練 習 問 題 4

Exercise10

以下條件下，各經營分析的比率是多少？
・營業額…1,000
・營業成本…600
・營業利益…150
・經常利益…50
・總資本…800

①毛利率
②營業利益率
③經常利益率
④總資本週轉率

解答

①40%　　②15%　　③6.25%　　④1.25

〈解説〉

①毛利…1,000－600＝400

$$毛利率（％）… \frac{400}{1,000} \times 100 = \underline{40\%}$$

$$②營業利益率（％）… \frac{150}{1,000} \times 100 = \underline{15\%}$$

$$③經常利益率… \frac{50}{800} \times 100 = \underline{6.25\%}$$

$$④總資本週轉率… \frac{1,000}{800} = \underline{1.25}$$

在以下條件下，①・②的經營分析比率各為多少？
・流動資產…500(其中的速動資產…350)
・流動負債…400

①流動比率
②速動比率

解答

①125%　②87.5%

〈解説〉

$$流動比率\cdots\frac{500}{400}\times100=\underline{125\%}$$

$$速動比率\cdots\frac{350}{400}\times100=\underline{87.5\%}$$

下列條件下，①・②的經營分析比率是多少？
・固定資產…600
・固定負債…400
・自有資本…400

①固定比率
②固定長期適合率

解答

①150%　②75%

〈解説〉

$$固定比率\cdots\frac{600}{400}\times100=\underline{150\%}$$

$$固定長期適合率\cdots\frac{600}{400+400}\times100=\underline{75\%}$$

新商業周刊叢書　　　BW0667

弘兼憲史上班族基本數字力

原出版者／幻冬舍
原 著 者／弘兼憲史、前田信弘
譯　　者／王美智、江裕真
企劃選書／王筱玲
責任編輯／吳瑞淑、劉芸　　　　　　　　特約編輯／王筱玲
版　　權／翁靜如　　　　　　　　　　　行銷業務／林秀津、周佑潔、莊英傑、何學文
總 編 輯／陳美靜　　　　　　　　　　　總 經 理／彭之琬

國家圖書館出版品預行編目資料

弘兼憲史上班族基本數字力 / 弘兼憲史, 前田信
弘作；江裕真、王美智譯.
　　―― 初版. ―― 臺北市：
商周出版：城邦文化發行, 2010. 05
　面；　　公分

ISBN 978-986-6285-76-9(平裝)
1. 財務管理 2. 經營分析

494.7　　　　　　　　　　　　　99006684

發 行 人／何飛鵬
法律顧問／台英國際商務法律事務所 羅明通律師
出　　版／商周出版
　　　　　臺北市中山區民生東路二段141號9樓
　　　　　電話：(02) 2500-7008　傳真：(02) 2500-7759
　　　　　商周部落格：http://bwp25007008.pixnet.net/blog
　　　　　E-mail：bwp.service@cite.com.tw
發　　行／英屬蓋曼群島商家庭傳媒股份有限公司　城邦分公司
　　　　　臺北市中山區民生東路二段141號2樓
　　　　　讀者服務專線：0800-020-299　　　24小時傳真服務：02-2517-0999
　　　　　讀者服務信箱E-mail：cs@cite.com.tw
　　　　　劃撥帳號：19833503　　戶名：英屬蓋曼群島商家庭傳媒股份有限公司城邦分公司
訂購服務／書虫股份有限公司客服專線：(02)2500-7718；2500-7719
　　　　　服務時間：週一至週五上午09:30-12:00；下午13:30-17:00
　　　　　24小時傳真專線：(02)2500-1990；2500-1991
　　　　　劃撥帳號：19863813　　戶名：書虫股份有限公司
　　　　　E-mail：service@readingclub.com.tw
香港發行所／城邦(香港)出版集團有限公司
　　　　　香港灣仔駱克道193號東超商業中心1樓
　　　　　電話：852-2508 6231 傳真：852-2578 9337
　　　　　E-mail：hkcite@biznetvigator.com
馬新發行所／城邦(馬新)出版集團
　　　　　Cite (M) Sdn. Bhd.
　　　　　41, Jalan Radin Anum, Bandar Baru Sri Petaling, 57000 Kuala Lumpur, Malaysia.
　　　　　電話：(603) 9057-8822　　傳真：(603) 9057-6622　　E-mail: cite@cite.com.my

內文排版&封面設計／因陀羅
印　　刷／鴻霖印刷傳媒股份有限公司
總 經 銷／聯合發行股份有限公司　　電話：(02)2917-8022　　傳真：(02)2911-0053
　　　　　新北市231新店區寶橋路235巷6弄6號2樓

■2010年5月4日初版　　　　　　　　　　Printed in Taiwan
■2018年4月10日二版1刷

定價260元　　　　　　版權所有・翻印必究
ISBN　978-986-6285-76-9

城邦讀書花園
www.cite.com.tw

商周出版

104台北市民生東路二段141號2樓

英屬蓋曼群島商家庭傳媒股份有限公司　城邦分公司

- -

請沿虛線對摺，謝謝！

商周出版

書號：BW0667　　書名：上班族基本數字力　編碼：

 商周出版

讀 者 回 函 卡

謝謝您購買我們出版的書籍！請費心填寫此回函卡，我們將不定期寄上城邦集團最新的出版訊息。

姓名：_____

性別：□男　　□女

生日：西元 _____ 月 _____ 日 _____

地址：_____

聯絡電話：_____　　傳真：_____

E-mail：_____

職業：□1.學生 □2.軍公教 □3.服務 □4.金融 □5.製造 □6.資訊

　　　□7.傳播 □8.自由業 □9.農漁牧 □10.家管 □11.退休

　　　□12.其他 _____

您從何種方式得知本書消息？

　　　□1.書店□2.網路□3.報紙□4.雜誌□5.廣播 □6.電視 □7.親友推薦

　　　□8.其他 _____

您通常以何種方式購書？

　　　□1.書店□2.網路□3.傳真訂購□4.郵局劃撥 □5.其他 _____

您喜歡閱讀哪些類別的書籍？

　　　□1.財經商業□2.自然科學 □3.歷史□4.法律□5.文學□6.休閒旅遊

　　　□7.小說□8.人物傳記□9.生活、勵志□10.其他 _____

對我們的建議：_____

_____

_____

_____

_____